古樹資源

李文清 解孝满 主编

中国林業出版社
CFPH China Forestry Publishing House

图书在版编目（CIP）数据

山东古树资源 / 李文清，解孝满主编．-- 北京：
中国林业出版社，2022.1
ISBN 978-7-5219-1037-7

Ⅰ．①山… Ⅱ．①李… ②解… Ⅲ．①树木－介绍－
山东 Ⅳ．① S717.252

中国版本图书馆 CIP 数据核字 (2021) 第 031478 号

责任编辑：王思源　李　顺
文字编辑：薛瑞琦　李　鹏

出 版：中国林业出版社（100009 北京市西城区刘海胡同 7 号）
网 站：http://www.forestry.gov.cn/lycb.html
印 刷：北京博海升彩色印刷有限公司
发 行：中国林业出版社
电 话：（010）83143569
版 次：2022 年 1 月第 1 版
印 次：2022 年 1 月第 1 次
开 本：889mm × 1194mm　1 / 16
印 张：29.5
字 数：450 千字
定 价：498 .00 元

《山东古树资源》编委会

序

古树名木是宝贵的自然与文化资源，见证历史、承载乡愁、寄予情思，具有极其重要的历史、文化、生态、科研和经济价值。党中央、国务院高度重视古树名木保护工作，先后作出了一系列决策部署，强调要“切实保护珍稀濒危野生动植物、古树名木及自然生境”“全面保护古树名木”。从某种意义上讲，保护古树名木，就是保护种质资源，维护生物多样性，传承中华民族历史文化。

作为儒家文化发祥地的齐鲁大地，悠久的历史孕育了丰富的古树名木资源。根据山东省古树名木普查结果，全省现有古树名木24.7万余株，数量之丰富、年代之久远、文化之厚重在全国也独树一帜。有“中国最美古树”榜首的浮来山“天下第一银杏”、泰山秦始皇敕封“五大夫松”，也有孔庙“先师手植桧”、济南珍珠泉曾巩亲植“宋海棠”，还有曲阜三孔古柏古树群、蒙山油松古树群，都丰富着齐鲁大地的自然基因，凝聚着齐鲁文化的深厚底蕴，承载着美好生活的向往。

为加强古树名木保护，传承历史文化，保护珍贵的种质资源，山东省林草种质资源中心经两年多不懈努力，在各市推荐、专家指导、全面考察论证的基础上，反复筛选，汇编成册，形成了《山东古树资源》一书。本书收录了具有代表性的古树名木311株，在介绍其特性的同时，穿插了相关的历史典故，融科学性、知识性、观赏性、趣味性于一体，可学可赏；对推动我省古树名木有效保护、弘扬优秀传统文化具有重要的指导意义，是指导下一步古树名木保护的重要参考书。

宇向东

2021年12月

前 言

一棵古树，见证一段历史，传承一种文化；一株名木，讲述一个故事，记载一段传奇。无论是苍松翠柏，还是古槐银杏，每一株，都见证着社会的发展，装扮着山川大地。随着岁月流逝，愈发显得弥足珍贵。

《山东古树资源》是山东省林木种质资源调查系列成果的重要组成部分。古树名木是极其珍贵的植物资源和自然文化遗产，具备观赏、研究、历史、文化、经济等多重价值。同其他树木一样，古树名木表现为种质资源的多样性，悠久的历史使得古树名木资源分散在全省各地，呈群状或散生分布，经济、社会、文化的影响增加了古树名木本身的内涵，为科学研究提供了重要物证和宝贵依据。根据山东省林木种质资源调查结果，山东现有古树名木共247176株，其中古树247141株（单株古树19679株，古树群619处227462株），名木35株。19714株单株古树名木中，一级古树2516株，占比12.8%；二级古树2863株，占比14.5%；三级古树14300株，占比72.5%。本书从历史、文化、生态和科研价值等方面，最终筛选收录古树名木138种311株，分裸子植物和被子植物两部分编写。

书中科的编排顺序参照《中国植物志》和Flora of China的顺序编写，每科中属、种编排顺序按在属、种检索表中出现的顺序排列。

为了便于区别不同古树名木，每株古树按照“古树所在地”加“树名”，或“古树所在地”加“传说名称”命名。对每株古树名木除有文字描述外，还配有显示古树名木现状和植物特征的彩色照片，达到了图文并茂。彩色照片由作者们和山东省林木种质资源的调查工作者提供。

本书是依据山东省林木种质资源调查、研究的工作者和作者们多年调查、研究工作的积累，并在前人工作基础上编著而成的，在成书之际，对于他们的贡献和支持表示衷心的感谢。

本书的编著出版是山东省林木种质资源调查和古树名木调查成果的体现，可为山东省古树名木的资源保护、历史文化传承、科学研究，以及生态文明建设提供可靠资料和工具书。

由于作者团队能力和水平有限，遗漏在所难免，敬请读者给予批评指正。

编者

2021年10月

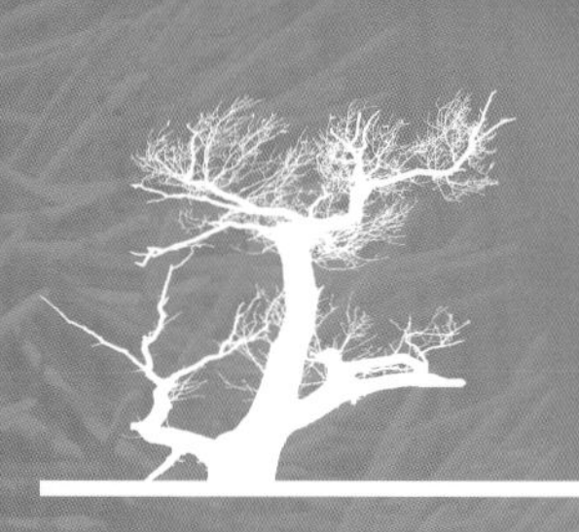

一棵古树，见证一段历史，传承一种文化；一株名木，讲述一个故事，记载一段传奇。无论是苍松翠柏，还是古槐银杏，每一株，都见证着社会的发展，装扮着山川大地。随着岁月流逝，愈发显得弥足珍贵。

目 录

裸子植物

裸子植物

银杏

银杏（*Ginkgo biloba* L.）隶属银杏科（Ginkgoaceae）银杏属（*Ginkgo*），别名白果树、公孙树，素有“活化石”之称。落叶乔木。幼树皮浅纵裂，老树皮灰褐色，深纵裂。枝条灰色，有细纵裂纹，近轮生，斜上伸展，短枝密被叶痕。冬芽黄褐色，卵圆形。叶扇形，淡绿色，无毛，在一年生长枝上螺旋状散生，在短枝上3~8叶呈簇生状。球花雌雄异株，单性，雄球花葇荑花序状，下垂；雌球花6~7簇生，有长柄。种子椭圆形、长倒卵形、卵圆形或近圆球形，外种皮肉质，成熟时黄色或橙黄色，外被白粉，有臭味。花期4—5月，种子9—10月成熟。

银杏为中生代孑遗的稀有树种，系我国特产，仅浙江天目山有野生状态分布。银杏栽培区甚广，北自东北沈阳，南达广州，东起华东，西南至贵州、云南西部。山东各地普遍引种栽种。在长期栽培过程中出现很多品种，如黄叶银杏、塔状银杏、裂银杏、垂枝银杏、斑叶银杏等。

银杏木材优良，可供建筑、家具、室内装饰、雕刻、绘图板等用。种子供食用及药用，有温肺益气、镇咳祛痰的功效，叶片可提取黄酮，用于心脑血管治疗。树形优美，为优良绿化观赏树种。

日照市莒县浮来山“天下第一银杏”

种名： 银杏

学名： *Ginkgo biloba* L.

科属： 银杏科 Ginkgoaceae 银杏属 *Ginkgo*

树龄： 3700 年

位置信息： 北纬 35.596928 东经 118.733866

此树位于日照市莒县浮来山镇邢家庄一村浮来山风景区定林寺。树高26米，胸径400厘米，平均冠幅34米，生长良好。

“天下第一银杏”，历经20个朝代，在大禹治水之前已有之，是一部“活历史”，被誉为“中国植物活化石”，它是世界上最古老的银杏树，已被列入“世界之最”和《吉尼斯世界纪录大全》。据大树前立于清顺治年间的碑文记载：春秋时期，莒、鲁两国不和，纪国国君从中调解，莒、鲁两国国君于鲁隐公八年，会盟于这株大银杏树下，而那时这株银杏已是参天大树。我国古代文学理论批评家刘勰晚年在此遁迹藏书校经，在此写出了世界上第一部文学评论巨著《文心雕龙》，全书概括了从先秦到晋宋千余年间的文学面貌，评论了200多个作家，总结了35种文体，共计10卷50篇37000余字。

关于这株银杏的树围，流传着“七搂八揸一媳妇”的趣闻。相传在明嘉靖年间，莒县东有一秀才进京赶考，途遇天降大雨，就躲到这株高大的银杏树下躲雨。秀才想测量一下树干粗细，便围着大树搂了起来，但搂到七搂后，恰有一个小媳妇正紧靠树干躲雨，秀才没法再搂，只好用手去揸余下的树干，揸了八揸就没法再揸了，于是便有了“七搂八揸一媳妇”的说法。

泰安市新泰市石莱镇白马寺林场“银杏之王”

种名： 银杏

树龄： 2800 年

学名： *Ginkgo biloba* L.

位置信息： 北纬 35.739403 东经 117.484974

科属： 银杏科 Ginkgoaceae 银杏属 *Ginkgo*

此树位于泰安市新泰市石莱镇白马寺林场。树高27米，胸径293厘米，平均冠幅33米，生长良好。

此树被誉为“银杏之王”，为中国银杏第二树，生长于白马山的山腰，像一位手持利剑的勇士，又像一个顶天立地的巨人迎接着远方客人的到来。此树南侧及西侧另有两株2400年树龄古银杏树，枝干巍峨，树形婆娑。华夏民族的先祖伏羲就是诞生于此，传说圣人孔子曾在此品茗乘凉。清代拔道郭璞山曾有诗赞曰：“殿前银杏堪留饮，吩咐衲僧奉酒瓢。”

枣庄市台儿庄区张山子镇“鲁南银杏王”

种名： 银杏

树龄： 2600 年

学名： *Ginkgo biloba* L.

位置信息： 北纬 34.501810 东经 117.545587

科属： 银杏科 Ginkgoaceae 银杏属 *Ginkgo*

此树位于枣庄市台儿庄区张山子镇张塘村西河堰东。树高20米，胸径329厘米，平均冠幅28米，生长良好，枝叶茂盛。

该银杏为雌株，树冠阔塔形。传说此树植于东周定王（姬瑜）年间。该古树在枣庄地区无论树龄和树体大小都无出其右，堪称“鲁南银杏王”，树干基部衍生的几株幼树，株株高挺入云，呈现“怀中抱子”奇观。古树主干上南北两枝最大，直指苍穹，有飞龙之势。《台儿庄区林业志》载：“此树古朴苍劲，拔地而起，五千米之外，可观其雄姿。自三米处，六大主枝，或斜或立，错落有致，竞相延伸，仰面观之，似数条苍龙飞舞于空中，所成树冠，遮地盈亩。”

泰安市肥城市石横镇“左丘明手植银杏”

种名： 银杏

树龄： 2500 年

学名： *Ginkgo biloba* L.

位置信息： 北纬 34.501810 东经 117.545587

科属： 银杏科 Ginkgoaceae 银杏属 *Ginkgo*

此树位于泰安市肥城市石横镇大寺村银杏路西首，距左丘明墓仅一箭之地。树高21.5米，胸径173厘米，平均冠幅16米。

大寺村原有一座古寺，曰正觉寺。寺后有一棵白果树，传为姜太公二十一世裔孙左丘明栽植，《史记》称左丘明为“鲁之君子”，肥城亦因此而获“君子之邑”之美称。该银杏为国家一级古树，虬枝繁茂，遮阴近亩，有围栏保护，生长良好。

济南市长清区五峰山林场“雌雄同株银杏王”

种名： 银杏

学名： *Ginkgo biloba* L.

科属： 银杏科 Ginkgoaceae 银杏属 *Ginkgo*

树龄： 2600年

位置信息： 北纬 36.446460 东经 116.833638

此树位于济南市长清区五峰山林场内清冷泉旁。树高25.6米，胸径212厘米，平均冠幅25.7米。

树冠覆盖面积2540平方米，称济南地区树中之冠，尤为奇者，此树为雌雄同株，《五峰山志》称其：“花中有精子，在植物中为特异”。五峰山属泰山山脉，与泰山、灵岩山并称“鲁中三山”。相传玉皇大帝的五个女儿路经此处，见其风景秀丽，不愿离去，于是分别化作迎仙峰、望仙峰、会仙峰、志仙峰和群仙峰，五峰山由此而得名。五峰山古银杏沐日月之精华，汲泉水之灵气，虽有2600余年树龄，仍然果实累累，需六人合围，目前管护良好。

青岛市平度市平度博物馆“汉唐母子银杏树”

种名：银杏

树龄：2000 年

学名：*Ginkgo biloba* L.

位置信息：北纬 36.786436 东经 119.952311

科属：银杏科 Ginkgoaceae 银杏属 *Ginkgo*

此树位于青岛市平度市城关街道平度博物馆内。树高24.2米，胸径200厘米，平均冠幅17米。

据传，此树始生于汉代，距今约2000年，雌株为青岛市最古老的银杏之一，属国家一级保护古树。唐代后，分蘖出一子株，形同母子，相依而生，当地人称其为“汉唐母子树”。相传是汉武帝东巡芝莱山的时候所植，芝莱山此树位于平度北部的大泽山区，因汉武帝曾登临此山喜得灵芝而得名。

临沂市临沭县玉山镇银杏

种名： 银杏

学名： *Ginkgo biloba* L.

科属： 银杏科 Ginkgoaceae 银杏属 *Ginkgo*

树龄： 北株 1750 年、南株 1715 年

位置信息： 北纬 34.953711 东经 118.726139

北纬 34.953467 东经 118.726281

这两株树位于临沂市临沭县玉山镇月庄村冠山风景区内。树高北株30米、南株26米，胸径北株359厘米、南株70厘米，平均冠幅北株18.6米、南株13米。

据《临沂县志》记载：长春观古碑云“三清阁有银杏2株（北株和南株），为尹喜、徐庶手植”。据考证，北株植于公元227年，已形成了“五代同堂”，“怀中抱子”的奇观，枝叶繁茂，树形优美。南株植于公元309年，1948年毁于战乱，时隔十年后从根部发出一树新枝，现已超过20米。

青岛市城阳区夏庄街道银杏

种名： 银杏

学名： *Ginkgo biloba* L.

科属： 银杏科 Ginkgoaceae 银杏属 *Ginkgo*

树龄： 1618 年

位置信息： 北纬 36.233927 东经 120.442220

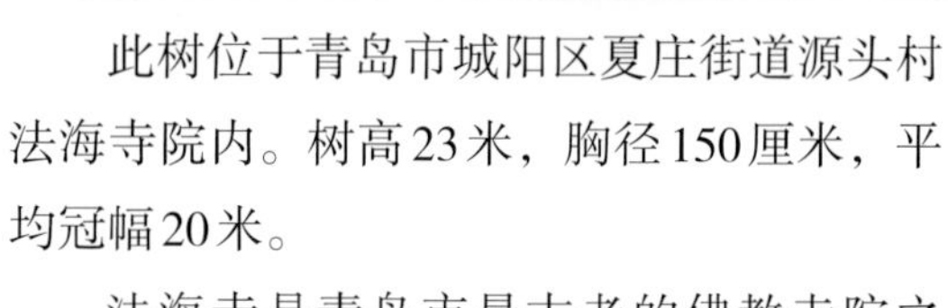

此树位于青岛市城阳区夏庄街道源头村法海寺院内。树高23米，胸径150厘米，平均冠幅20米。

法海寺是青岛市最古老的佛教寺院之一，因纪念创建该寺的第一代方丈法海大师而得名。该寺始建时间有两种说法，一说是创建于北魏武帝年间（公元424—452年），一说是创建于三国武帝年间（公元155—270年）。法海寺分前后两院，前院建大雄宝殿五间，殿前两侧各有高大银杏一株，寺院门前亦有一株，因而城阳历有“先有法海寺的白果树，后有即墨城”的传说。银杏最初共有4棵，两雌两雄，因民国时期部队在此拴马，马把其中一棵雌性白果树啃咬导致死亡，所以只剩下3棵。

潍坊市诸城市皇华镇银杏

种名： 银杏

树龄： 1700 年

学名： *Ginkgo biloba* L.

位置信息： 北纬 35.998382 东经 119.409178

科属： 银杏科 Ginkgoaceae 银杏属 *Ginkgo*

此树位于潍坊市诸城市皇华镇后寿塔村村北。树高25.6米，胸径407厘米，平均冠幅23米。

该银杏为雌株，是诸城的古银杏之最，树龄在1700年之上。树址处原有一古寺，习称“寿塔寺”，又称“普照寺”，因寺中曾有一古塔名“寿塔”，村名也因此而来，据考证古寺建于南北朝时期。虽然“银杏树王”地处大山深处，但慕名前来祈福许愿的香客们却络绎不绝。

济宁市嘉祥县金屯镇银杏

种名： 银杏

树龄： 1300 年

学名： *Ginkgo biloba* L.

位置信息： 北纬 35.262531 东经 116.351073

科属： 银杏科 Ginkgoaceae 银杏属 *Ginkgo*

此树位于济宁市嘉祥县金屯镇西郭村郭庄清神观遗址三清殿前。树高28.5米，胸径213厘米，平均冠幅19米。

此树为雌株，估测树龄1300年，历经千载仍浓荫蔽日、硕果累累，被尊为神树。树前香火缭绕，具有浓厚的神秘色彩，2002年此树被全国绿化委列为国家级古树名木。

据传，观内曾有银杏树两株，一雌一雄，相对而立于殿前，被称为“夫妻树”，共伴观主修炼，双双得道成仙。二树你恩我爱，感情甚好。后因小事发生冲突，雄树情激性烈，愤然驾风出走，栖居于30千米外任城的长沟镇白果树村。当地人以为仙至，恐其再走，以铁链锁之，四时祀以香火，祈求风调雨顺，祛病消灾，至今此树身缠铁链数道，香火不断。据说雄树走后，甚是后悔，每每想回，可是由于被铁链锁定，不能起身，只能与雌树神游仙聚，再也不能相对厮守，因而二树虽然相聚甚远，雌树现今每年还能硕果累累，被当代人传为佳话。

临沂市沂南县青驼镇银杏

种名： 银杏

树龄： 1300 年

学名： *Ginkgo biloba* L.

位置信息： 北纬 35.401674 东经 118.288955

科属： 银杏科 Ginkgoaceae 银杏属 *Ginkgo*

此树位于临沂市沂南县青驼镇山东省战时工作委员会旧址院内。树高23米，胸径192厘米，平均冠幅22米。

此树相传为唐代所植，估测树龄1300年。该地原为古庙，名曰“兴隆寺”，寺内原有两株同龄的古银杏树，1940年8月，山东省联合大会在此树下召开，遭日伪军突袭，其中一株被烧毁。1940年7月26日，中国共产党领导下的抗日军民代表，在这棵树下召开了山东省各界代表联合大会，选举产生了山东省战时工作委员会（山东省人民政府前身）、山东省临时参议会，还选举产生了省民众总动员委员会、省各界救国总会以及工、农、青、妇救国总会和文化界救亡协会总会，并通过了山东省各界救国会组织章程和工作纲领，对推动山东省团结抗日起了重要作用，这颗银杏树成了全省人民团结抗日的象征，被载入山东抗日救国史册。

威海市乳山市大孤山镇银杏

种名：银杏

树龄：1200 年

学名：*Ginkgo biloba* L.

位置信息：北纬 36.970287 东经 121.652791

科属：银杏科 Ginkgoaceae 银杏属 *Ginkgo*

此树位于威海市乳山市大孤山镇万户村。树高21米，胸径238厘米，平均冠幅达31米。

估测树龄1200年，据传说，宋金交战时，有几名当地抗金志士曾匿藏于此树之上，躲过金兵的追捕，可见在800多年前此树已长有一定规模。这株银杏虽历经沧桑，却至今生机盎然，主干笔直，枝叶繁茂。树东侧，竖立着一座“银杏碑”，碑的正面雕刻着“沧海桑田千年树，人杰地灵万户村”14个大字，为国防部原部长迟浩田所题。

临沂市郯城县重坊镇“郯子课农银杏王”

种名： 银杏

树龄： 3000 年

学名： *Ginkgo biloba* L.

位置信息： 北纬 34.583610 东经 118.140800

科属： 银杏科 Ginkgoaceae 银杏属 *Ginkgo*

此树位于临沂市郯城县重坊镇乡驻地公园内。树高37米，胸径260厘米，平均冠幅20米。

据传为周朝郯国国君所植，至今已3000年，系全国第一银杏雄树。《北窗琐记》中关于此树记载：老树传奇十八围，郯子课农亲手栽。莫道年年结果少，可供祇园清精斋。这其中的“郯子课农亲手栽”说的就是银杏树的来历。郯子是周朝时郯国的国王，老郯子就是后来“孔子师郯子”中的郯子的先人。老郯子当年在新村建了“课农山庄”，在山庄的周围亲手栽下了这棵银杏树。

又传，从前这里没有银杏树，只有神仙吕洞宾那里有一棵，每年只结八粒果，每个神仙只能分到一粒。一年王母娘娘到吕洞宾仙府做客，正值银杏成熟季节。王母娘娘看到金黄色银杏果实，很是眼红，于是趁众神不备，摘了两个藏在袖中。吕洞宾知道后很是生气，派张果老骑驴追赶，王母无奈，只好把果实扔下，恰巧落在了官竹寺内，竟长出两棵小银杏树，不几天就长成大树。每年谷雨前后可为方圆二三十千米范围内的银杏雌树授粉，被当地人尊称为“老神树”。

欧洲云杉

欧洲云杉【*Picea abies*（L.）Karst.】隶属松科（Pinaceae）云杉属（*Picea*）。常绿乔木。老树树皮厚，裂成小块薄片。大枝斜展，小枝通常下垂，幼枝呈淡红褐色或橘红色，无毛或有梳毛。冬芽圆锥形，有纵脊，具短柔毛。小枝上面枝叶向前或向上伸展，下面枝叶向两侧伸展或与两侧枝叶向上弯伸。球果圆柱形，长10~15厘米，稀达18.5厘米，成熟时褐色；种鳞较薄，斜方状倒卵形或斜方状卵形；种子长约4毫米，种翅长约16毫米。

原产于欧洲北部及中部，为北欧主要造林树种之一。中国江西庐山及山东青岛引种，生长良好。

树形美观，成年大树树冠尖塔形，枝条浓密，针叶鲜绿色，新叶黄绿色，是优美的庭园树种，常栽培观赏。

瑞典于默奥大学科学家于2004年在瑞典Fulufjallets国家公园进行树木普查时，在瑞典中部的一座山脉上发现了一颗欧洲云杉，被称为Old Tjikko。其根系已经有9500岁，而且还在继续生长，是目前世界上最古老的树木。

青岛市市南区中山公园欧洲云杉

种名： 欧洲云杉

树龄： 100年

学名： *Picea abies* (L.) Karst.

位置信息： 北纬36.062650 东经120.344033

科属： 松科 Pinaceae 云杉属 *Picea*

此树位于青岛市市南区八大关街道中山公园管理处楼东。树高13米，胸径28厘米，平均冠幅6.7米。

1897年德国侵占青岛以后，在太平山造林，在会前村一带（今中山公园）建植物试验场，此树为当时国外引进。

雪松

雪松【*Cedrus deodara* (Robx.) G. Don】隶属松科（Pinaceae）雪松属（*Cedrus*）。常绿乔木，树冠尖塔形，树皮深灰色，裂成不规则的鳞状片。大枝平展、微斜展或微下垂，小枝常下垂。叶针形，长8~60厘米，坚硬，淡绿色或深绿色，在长枝上散生，短枝上簇生。10—11月开花，雄球花长卵圆形或椭圆状卵圆形，雌球花卵圆形。球果翌年成熟，椭圆状卵形，熟时赤褐色。

雪松产于亚洲西部、喜马拉雅山西部和非洲，以及地中海沿岸。中国各地广泛栽培，雪松是山东青岛的市树。

雪松是世界著名的庭园观赏树种之一，具有较强的防尘、减噪与杀菌能力，适宜作工矿企业绿化树种。雪松木材轻软，具树脂，不易受潮，是重要的建筑用材。雪松药疗用途的历史很久远，最早可以追溯到圣经时代。古埃及人将雪松油添加在化妆品中用来美容；美国原住民将雪松当作药疗及净化仪式使用的圣品；雪松油具有抗脂漏、防腐、杀菌、补虚、收敛、利尿、调经、祛痰、杀虫及镇静等医疗功效。

雪松象征高洁，寄予人生积极向上和不屈不挠。陈毅诗作《青松》“大雪压青松，青松挺且直。要知松高洁，待到雪化时。”赞颂了人的坚韧不拔、宁折不弯的刚直与豪迈和不畏艰难、雄气勃发、愈挫弥坚、坚强的精神。

青岛市城阳区惜福街道雪松

种名：雪松

树龄：168 年

学名：*Cedrus deodara* (Robx.) G. Don

位置信息：北纬 36.280634 东经 120.482654

科属：松科 Pinaceae 雪松属 *Cedrus*

此树位于青岛市城阳区惜福街道付家埠村童真宫院前。树高 14 米，胸径 85 厘米，平均冠幅 16.9 米。

东汉光和五年（公元 182 年），童恢出任山东省青岛市不其县令。史载："童恢任不其县县令期间，耕织种收，皆有条章，一境清静，牢内连年无囚，不其县境内秩序良好。"童恢死后，百姓为他建起"童公祠"（后改为"童真宫"），以祭奠这位古代有名的官吏。院内所植古柏、银杏和雪松，孤傲挺立，象征着童恢的高尚品格，受到后人的崇敬。

济南市历城区山东大学雪松

种名： 雪松

树龄： 160 年

学名： *Cedrus deodara* (Robx.) G. Don

位置信息： 北纬 36.685723 东经 117.061788

科属： 松科 Pinaceae 雪松属 *Cedrus*

此树位于济南市历城区洪家楼街道山东大学老校区。树高16.5米，胸径53.2厘米，平均冠幅15米。

红松

红松（*Pinus koraiensis* Sieb. et Zucc.）隶属松科（Pinaceae）松属（*Pinus*）。常绿乔木。树皮纵裂，呈不规则鳞片状脱落，脱落后内皮红褐色。一年生枝密被黄褐色或红褐色柔毛。针叶5针一束，长6~12厘米，粗硬，直，深绿色。雄球花椭圆状圆柱形，红黄色，长7~10毫米，多数密集于新枝下部成穗状；雌球花绿褐色，圆柱状卵圆形，直立，单生或数个集生于新枝近顶端。球果圆锥状长9~14厘米，稀更长，径6~8厘米。种子长1.2~1.6厘米，径7~10毫米。花期6月，球果翌年9—10月成熟。

红松分布于黑龙江省、吉林省，俄罗斯、朝鲜、日本也有分布，为东北林区的主要森林树种之一。山东省泰山、蒙山、昆嵛山等有引种栽培。

1999年8月4日红松被国务院批准为国家二级重点保护野生植物，并列入了《世界自然保护联盟》（IUCN）2013年濒危物种红色名录ver3.1-低危（LC）。红松是像化石一样古老而珍贵的树种，天然红松林是经过几亿年的更迭演替才形成的，被称为“第三纪森林”。

红松为优良的用材树种，耐腐力强，易加工。可供建筑、舟车、桥梁、枕木、电杆、家具、板材及木纤维工业原料等用。木材及树根可提松节油；树皮可提栲胶。种子大，含脂肪油及蛋白质，可榨油供食用，亦可作干锅“松子”食用，入药称为“海松子”，有滋补强壮的功效。亦可作为庭荫树、行道树、风景林等绿化应用。

青岛市市南区中山公园红松古树群

种名：红松

学名：*Pinus koraiensis* Sieb. et Zucc.

科属：松科 Pinaceae 松属 *Pinus*

树龄：110年

位置信息：北纬 36.063741 东经 120.343238

此古树群位于青岛市市南区八大关街道中山公园管理处北。红松古树共9株，平均树高9米，平均胸径30厘米。

日本五针松

日本五针松（*Pinus parviflora* Sieb. et Zucc.）隶属松科（Pinaceae）松属（*Pinus*）。常绿乔木。幼树树皮光滑，大树树皮暗灰色，裂成鳞状块片脱落。枝平展，树冠圆锥形；冬芽卵圆形。针叶5针一束；横切面三角形；叶鞘早落。球果卵圆形或卵状椭圆形，几无梗，熟时种鳞张开；中部种鳞宽倒卵状斜方形或长方状倒卵形。种子为不规则倒卵圆形，有翅，翅长1.8~2厘米。

原产日本，我国长江流域各大城市及山东省的济南、青岛、泰安、潍坊等地已普遍引种栽培，作庭园树或作盆景用，生长较慢。

潍坊市诸城市沧湾公园日本五针松

种名：日本五针松

树龄：100 年

学名：*Pinus parviflora* Sieb. et Zucc.

位置信息：北纬 35.992297 东经 119.401443

科属：松科 Pinaceae 松属 *Pinus*

此树位于潍坊市诸城市舜王街道沧湾公园内。树高3米，胸径35厘米，平均冠幅6.9米。

诸城在汉代称“东武”，其南城、北城建于东汉建初五年（公元80年）和北魏永安二年（公元529年），两次建城就地取土，挖出了低洼的大湾。沧湾成形于汉魏年间，距今已有1900多年的历史。天启初年建“漾月楼”，后历经多个朝代形成供人游览的小园。1949年后，沧湾修建，诸城有了第一座公园，即“沧湾公园”。公园建成后经数次修建，铺设绿地，栽植花草树木，该日本五针松由它地移栽种植保护，目前生长旺盛。

白皮松

白皮松（*Pinus bungeana* Zucc. ex Endl.）隶属松科（Pinaceae）松属（*Pinus*），别名三针松、虎皮松。常绿针叶乔木。树皮灰绿色，片状脱落。针叶3针一束；球果通常单生；种子近倒卵圆形，有翅，易脱落。花期4—5月，球果翌年10—11月成熟。

白皮松为我国特有树种，分布于于山西、河南、陕西、甘肃、四川及湖北等地。山东省各地公园、庭院有引种栽培。

白皮松为喜光树种，耐瘠薄土壤及较干冷的气候；在气候温凉、土层深厚、肥润的钙质土和黄土上生长良好。白皮松树姿优美，高大挺拔，树形奇特而古雅，树皮白色或褐白相间、极为美观，枝叶苍翠，花开流香溢芳，享有松树家族"皇后"之桂冠，有极高的观赏价值。其心材黄褐色，边材黄白色或黄褐色，质脆弱，纹理直，有光泽，花纹美丽。木材可供房屋建筑、家具、文具等用，种子可食。

白皮松古称"白木"。最早与之有关的记载出自《山海经》第十六卷《大荒西经》："爰有甘华、璇瑰、甘柤、瑶碧、白木……"，清代人倪璠在其所注《庾子山集》中解释："白木：俗说密县东三里天仙宫，有白松，相传轩辕黄帝葬三女处，于今犹存。"古人视白皮松为"白龙""银龙"或"神龙"。古人云"松骨苍，宜高山，宜幽洞，宜怪石一片，宜修竹万竿，宜曲涧粼粼，宜塞烟漠漠"。唐代张著《白松》诗云"叶坠银杈细，花飞香粉干。寺门烟雨中，混作白龙看"。乾隆御封北海团城两棵白皮松"白袍将军"，并写下《栝歌行》"五针为松三为栝，名虽稍异皆其齐。牙嵯数株依睥睨，树古不识何人栽"。著名林学家陈植在《长物志》的注释中明确指出栝子松即白皮松："栝子松——白皮松（*Pinus bungeana*），亦称'栝子松'（《本草纲目》）、'剔牙松'（《学圃杂疏》），常绿乔木。叶三四针为一簇，树皮白色，属松科"。

济南市平阴县洪范池镇白皮松

种名： 白皮松

树龄： 400 年

学名： *Pinus bungeana* Zucc. ex Endl.

位置信息： 北纬 36.124004 东经 116.289496

科属： 松科 Pinaceae 松属 *Pinus*

此古树群位于济南市平阴县洪范池镇纸坊村于林于慎行墓地。其中最大一株树高21.6米，胸径63.7厘米，平均冠幅14米。

于慎行，字可远，世称于阁老，平阴县东阿镇人。生于明嘉靖二十四年（公元1545年），卒于明万历三十五年（公元1607年），谥号“文定”。神宗时“文学为一时之冠”，还是万历及其子孙三代皇帝的日讲官，被誉为“天下文章官，三代帝王师”。于慎行病故后，万历皇帝为恩师建陵园于洪范。据明史书记载：于林有牌坊两座，一曰“帝赐玄卢”，一曰“责难陈善”，皆系万历皇帝御书。陵园正门外有高大石狮一对，林中有华表二座。牌坊和华表上雕刻的人物、花卉以及虬龙等飞禽走兽，巧夺天工，惟妙惟肖。于林甬道两侧有石虎、石羊、石马，翁仲相对。陵墓的中心是落棺亭。亭前有供后人祭奠的一张石案和记载政绩文章及人品的十通大石碑。落棺亭周围，苍松翠柏，遮天蔽日，尤其林中植有万历皇帝所赐白皮松63株，现存白皮松36株。

关于白皮松还有一个美丽传说：于林建成后，万历皇帝不能为老师披麻戴孝，寝食不安。一天他做了一个奇怪的梦，空中飘着一个葫芦，腰系黄符，上书“精纯松”三个字。倒出，原来是100颗树种。醒来，案上果然是颗粒饱满的一小堆树种。万历皇帝非常高兴，命人种上，长到高约2米时，选63棵送到阁老墓地，植于神道两旁。树干挺直，通体银白，经阳光照射，闪烁有光，斑斓可爱，历400余年仍生机盎然。该处是山东独有的白皮松古树林，国内罕见。

淄博市博山区白皮松

种名： 白皮松

树龄： 600 年

学名： *Pinus bungeana* Zucc. ex Endl.

位置信息： 北纬 36.406769 东经 117.951405

科属： 松科 Pinaceae 松属 *Pinus*

此树位于淄博市博山区博山镇朱家庄三皇庙。树高20米，胸径82.8厘米，平均冠幅17.6米。

据说三皇庙始建于明洪武三年（公元1370年），当时仅有庙堂两间，白皮松为洪武年间种植，盖冠如棚，华彩斑斓。明嘉靖年间重修三皇庙，扩建三皇大殿，新修东西配房、钟鼓楼、白衣阁等。据《重修三皇庙》石碑记载："清朝乾隆四年，住持道人王来素多方筹措资金，在后院建起皆二层的三清阁、文昌、吕祖阁、东西角楼及观景台。"《续修博山县志》记载："三皇庙内有松树一颗，高数丈，周合围，亦道人王来素募得植也……"

赤松

赤松（*Pinus densiflora* Sieb. et Zucc.）隶属松科（Pinaceae）松属（*Pinus*）。常绿乔木。树皮红褐色，呈片状脱落。伞状树冠，一年生枝淡红黄色，无毛。冬芽暗红褐色，微具树脂。针叶2针一束，长5~12厘米。球果卵状圆锥形，成熟时暗黄褐色或淡褐黄色，种鳞张开，不久即脱落；种鳞薄，张开，鳞盾扁菱形，通常扁平。种子倒卵状椭圆形或卵圆形，连翅长15~20毫米。花期4月，球果翌年9—10月成熟。

赤松在我国分布于黑龙江省东部，吉林省长白山区、辽宁省中部至辽东半岛、山东省胶东地区及江苏省东北部云台山区。赤松为深根性喜光树种，抗风力强，生长于温带沿海山区及平原地区。山东主要用作山区、沿海山地的造林树种，亦常作庭园绿化用树，在园林绿化中发挥重要作用。

赤松适应性强，用途广泛。其木材淡红黄色，可供建筑、电杆、枕木、家具等用。树干可割树脂，提取松香及松节油；种子榨油，可供食用及工业用；针叶提取芳香油。

泰安市泰山王母池赤松

种名： 赤松

树龄： 500 年

学名： *Pinus densiflora* Sieb. et Zucc.

位置信息： 北纬 36.206753 东经 117.125347

科属： 松科 Pinaceae 松属 *Pinus*

此树位于泰山王母池药王殿北侧。树高7.4米，胸径44.5厘米，平均冠幅12.7米。雌雄同株，生长良好，属国家一级保护古树。树体架设一组支撑架，周围用大理石护栏保护。

王母池位于泰安市环山路东首，虎山水库南，古称“瑶池”。三国魏曹植有“东过王母庐，俯观五岳间”的诗句，唐李白则有“朝饮王母池，暝投天门阙”的吟咏。据考证，此树为明弘治年间栽种。

临沂市沂水县崔家峪镇赤松

种名： 赤松

树龄： 400 年

学名： *Pinus densiflora* Sieb. et Zucc.

位置信息： 北纬 35.789085 东经 118.384667

科属： 松科 Pinaceae 松属 *Pinus*

位于临沂市沂水县崔家峪镇西虎崖村庙子岭上。树高7.5米，胸径81.8厘米，冠幅18.8米。开花结实正常，生长旺盛。

油松

油松（*Pinus tabuliformis* Carr.）隶属松科（Pinaceae）松属（*Pinus*），为中国特有树种。常绿乔木。树皮灰褐色不规则鳞块开裂。小枝粗壮，淡橙色或灰黄色，无毛。冬芽矩圆形，红褐色，微有树脂。针叶2针一束，长10~15厘米，横切面半圆形。雄球花柱形，聚生于新枝下部呈穗状。球果卵形或卵圆形，种子有翅。花期4—5月，球果翌年10月上中旬成熟。

油松分布于吉林、辽宁、山东、山西、内蒙古、河北、河南、陕西、甘肃、宁夏、青海及四川等省份。山东分布于鲁中南山地丘陵区的泰山、徂徕山、沂蒙山区、鲁山等地。

油松喜光、抗瘠薄、抗风，适应性强。其树姿雄伟，树形优美独特，为著名的绿化观赏树种。木材纹理直，结构较细密，材质较硬，富树脂，耐久用，可供家具及木纤维工业等用。树皮可提取松脂，松节、松针、花粉均供药用。

松代表着坚强不屈的精神，它正直，朴素，不畏严寒，四季常青。《论语》赞曰：岁寒，然后知松柏之后凋也。松与竹、梅一起，素有“岁寒三友”之称，成为高洁品质和旺盛生命力的象征。松树在中国传统文化中具有至高的地位，被古人誉为“百木之长、木之尊者”。《礼》中记载：“天子树松，诸侯柏，大夫栾，士杨”。宋朝王安石《字说》云，“松，百木之长，犹公，故字从公”，于公侯伯子男五爵中，松居首。

淄博市沂源县神清宫“千年虎皮松”

种名：油松

树龄：1000 年

学名：*Pinus tabuliformis* Carr.

位置信息：北纬 36.093180 东经 118.155000

科属：松科 Pinaceae 松属 *Pinus*

此树位于淄博市沂源县燕崖镇西郑王庄村的神清宫大门口（今织女洞国有林场神清宫林区）。树高16米，胸径108厘米，树冠面积220平方米。

此树为建寺时所植，因其树干生出许多突起树瘤，形成斑点，酷似虎皮，故有“千年虎皮松”之雅称。神清宫始建于宋朝初年，乃碧霞元君行宫之一，称神清万寿宫。明、清两代几经重修扩建。神清宫是沂源境内最大的道教宫观建筑群，整个建筑高低错落，风格独特，布局严谨，构思精巧，是山东少见的古建筑组合群体，为著名的“沂阳八景”之一。

泰安市泰山五松亭“望人松”

种名： 油松

树龄： 500 年

学名： *Pinus tabuliformis* Carr.

位置信息： 北纬 36.627285 东经 117.166731

科属： 松科 Pinaceae 松属 *Pinus*

此树位于泰山中天门景区五松亭西，东侧山腰处。树高7.4米，胸径74.8厘米，平均冠幅15.5米。

油松主干略向东南倾斜，距根际3.3米处，斜出一孤枝，基径0.3米，约在长0.5米处呈90°折曲斜下，长8米左右，犹如一巨人，倾身伸臂向登山盘路上的来往行人探望、招手，故名“望人松”。其松枝交错盘曲，针叶茂密，冠成一巨大华盖状，迎客松代表着五岳独尊的泰山，成为泰山的标志，令人瞩目。

传说很久以前，在朝阳洞附近住着一对年轻夫妻，他们日出而作，日落而息，相亲相爱，乐善好施。后来，丈夫为了把泰山打扮得更加美丽，决心出山到外面学习技艺。然而，丈夫走了一年、两年、三年，迟迟不闻归期，于是，从春到夏，从秋到冬，年轻的妻子站在山坡焦急地望着，执着地期盼着，漫天的大雪淹没了她的身体，来年春天，冰雪消融了，年轻的妻子不见了，在她站立过的地方长出了一颗亭亭玉立的松树，像那少妇翘首望着远方，期盼着丈夫的归来。

泰安市泰山“姊妹松”

种名： 油松

树龄： 600年

学名： *Pinus tabuliformis* Carr.

位置信息： 北纬36.262927 东经117.107473

北纬36.262900 东经117.107507

科属： 松科 Pinaceae 松属 *Pinus*

在泰山后石坞古松园，有两株松树亭亭玉立，一在东南，一在西北并肩而立，人称“姊妹松”。姊妹松为油松，一株树高5.3米，胸径38.5厘米，平均冠幅5.5米；另一株树高6.3米，胸径49.5厘米，平均冠幅9.6米。

传说岱阴马家庄有个霸道的马员外，住户马老大忠厚老实，有两个俊秀聪颖的闺女，人称马家姊妹，马员外欲娶俩姊妹为偏房，马老大为避难，让姊妹俩逃往后石坞青云庵削发为尼。庵主却暗报马员外。马员外带人押着马老大来到青云庵要娶亲，姊妹俩佯装笑颜相依，但一要马员外放了老父亲，二要先回庵梳妆打扮，马员外欣然同意。随后，姊妹俩借机逃跑，马员外带人追寻。姊妹俩在众尼姑的帮助下攀上悬崖，上了九龙岗，被马员外堵住了去路，无奈攀上高崖手牵手纵身跳下。传说姊妹俩跳崖时，泰山老母前来搭救，但是慢了一步。后来就在这里并排长出了两株茂盛的松树，是为“姊妹松”。

泰安市泰山“五大夫松”

种名：油松

学名：*Pinus tabuliformis* Carr.

科属：松科 Pinaceae 松属 *Pinus*

树龄：290 年

位置信息：北纬 36.246292 东经 117.106610

北纬 36.627246 东经 117.166724

“五大夫松”现有两株，位于泰山中天门上御帐坪西北的五松亭前，南北并列，相距9米。平均树高5.4米，枝下高4米，平均胸径51厘米，平均冠幅12.1米。

据《史记》记载，秦始皇二十八年（公元前219年），秦始皇登封泰山，中途遇雨，避于一棵大树之下，因大树护驾有功，遂封此树为“五大夫”爵位。唐代陆贽在《禁中青松》诗中“不羡五株封”之句，误以为是五株，于是后人就理解为五棵松树了。明万历九年（公元1581年），诗人、文学家于慎在《登泰山记》中记载“松有五，雷雨坏其三”。后来，所剩两株亦不复存在了。后据《泰安县志》记载，清雍正八年（公元1730年），钦差丁皂保奉敕重修泰山时，补植五株松树，现存二株，虬枝拳曲，苍劲古拙，自古被誉为“秦松挺秀”，为泰安古八景之一。五松亭旁有乾隆皇帝御制《咏五大夫松》摩刻。

泰安市徂徕山光华寺“佛爷松”

种名： 油松

树龄： 1350 年

学名： *Pinus tabuliformis* Carr.

位置信息： 北纬 36.016859 东经 117.385208

科属： 松科 Pinaceae 松属 *Pinus*

此树位于徂徕山林场光华寺光华书院西侧。树高6.6米，枝下高3.1米，胸径96厘米，平均冠幅21.1米。

传说植于唐宋年间，三人环抱有余。松极茂，冠盖一亩余地，树冠遮天蔽日，树势龙干虬枝，展臂迎客，犹如条条巨龙飞舞盘旋。据传为佛爷所植，故称“佛爷松”。此松又称做“蔽寺松”“一亩松”。整个树体，树势向北倾斜，树枝片状层叠，宛若层层片云，树冠平展开阔，树皮呈鳞片状剥落，枝曲如虬，极为美观。松下有山泉流过，淙淙竟日。清代沈桂清《徂徕光化寺》一诗中“僧卧峰巅阁，鹤巢松顶云”便是描绘“佛爷松”的佳句。

临沂市蒙阴县岱崮镇“将军树”

种名： 油松

树龄： 1500 年

学名： *Pinus tabulaeformis* Carr.

位置信息： 北纬 35.980421 东经 118.103780

科属： 松科 Pinaceae 松属 *Pinus*

此树位于临沂市蒙阴县岱崮镇茶局峪村磨盘岭。胸径110厘米，树高8米，平均冠幅18米。

古松造型优美，如刻意雕琢般，堪称“江北第一美松”，它四季常青，即使冰封冬日也一树苍翠，颇为壮观。相传汉王刘秀南下时曾在此拴马，徐向前元帅曾率部队在此指挥战斗，因此它被誉为“将军树”。此树威风凛凛，树冠呈蘑菇状，风一吹来，树上枝叶随风飘动，树下光影随之而动，颇有大将军指挥千军万马之势。大树与远处的山崮交相辉映，又构成了一幅完美的自然画卷。

泰安市徂徕山“龙松”

种名：油松

学名：*Pinus tabulaeformis* Carr.

科属：松科 Pinaceae 松属 *Pinus*

树龄：1300 年

位置信息：北纬 36.057524 东经 117.284964

此树位于泰安市徂徕山林场中军帐三清殿前。树高11米，胸径87厘米，平均冠幅18米。“龙松”主侧枝弯曲苍劲，在顶部形成一龙头模样，有的小枝也自成一体，扭曲成龙形。

泰安市徂徕山“凤松”

种名： 油松

树龄： 1300 年

学名： *Pinus tabulaeformis* Carr.

位置信息： 北纬 36.057468 东经 117.284828

科属： 松科 Pinaceae 松属 *Pinus*

此树位于泰安市徂徕山林场中军帐三清殿前。树高 7 米，胸径 102 厘米，平均冠幅 14.6 米。“凤松”与“龙松”紧邻，南部侧枝垂入岩下超过 10 米，整个树体酷似昂首展翅的凤凰。

泰安市徂徕山“迎客松”

种名：油松

学名：*Pinus tabulaeformis* Carr.

科属：松科 Pinaceae 松属 *Pinus*

树龄：1000 年

位置信息：北纬 36.057425 东经 117.285156

此树位于泰安市徂徕山林场中军帐入口台阶之上。树高 9.2 米，胸径 73.9 米，平均冠幅 14.2 米。树姿优美，似在迎接游客。

泰安市泰山区大津口乡“一亩松”

种名：油松

树龄：800 年

学名：*Pinus tabulaeformis* Carr.

位置信息：北纬 36.304597 东经 117.084043

科属：松科 Pinaceae 松属 *Pinus*

此树位于泰安市泰山区大津口乡和尚庄玉泉寺大雄宝殿。树高12.5米，胸径300厘米，平均冠幅30.1米。树龄800年左右，长势旺盛，树冠遮阴面积约1.3亩，被称为“一亩松”。

此树为泰山著名景点之一，树干基部几条粗壮侧根裸出地面，状似龙爪，向东、西、北三个方向延伸。南面由于雨水冲刷，地表土流失，露出的根部仍紧紧抓住岩石。这些裸根，遇土入土，遇石裹石，咬定青山。

济南市钢城区颜庄镇“齐鲁松王”

种名： 油松

树龄： 400 年

学名： *Pinus tabulaeformis* Carr.

位置信息： 北纬 36.627400 东经 117.732770

科属： 松科 Pinaceae 松属 *Pinus*

此树位于济南市钢城区颜庄镇埠东村南。树高10.3米，胸径100厘米，平均冠幅18.55米。

此松被称为“齐鲁松王”，也被誉为“九龙奇松”。传说埠东村北斗山是风水宝地，奇松生机勃发昭示埠东人丁兴旺、人才辈出，青石山奇妙松是九龙山的靓丽奇观。此松植于明朝，树下立一石碑，上书“齐鲁松王”，当地人称为“奇松”。一奇是松树本适宜沙质土生长，此树却能在青石山上茁壮生长；二奇是能预示年景，若树枝积雪多日不化，来年定是好年景；三奇是此树能预测天气，若夏季树木发出风刮的呼啸声，不日定降大雨。

马尾松

马尾松（*Pinus massonniana* Lamb.）隶属松科（Pinaceae）松属（*Pinus*）。常绿乔木。树皮褐色，呈不规则的鳞状块片剥落。一年生枝黄红褐色，无毛，冬芽卵状圆柱形，褐色，顶端尖，芽鳞边缘丝状。针叶2针一束，稀3针一束，微扭曲，两面有气孔线，边缘有细锯齿。球果卵圆形或圆锥形，长4~7厘米，种子长卵圆形；种子连翘长2~2.7厘米。花期4—5月，球果翌年10月成熟。

马尾松分布于长江中下游各省，河南、陕西、福建、广东、台湾、四川、贵州、云南。山东蒙山、泰山、塔山、崂山、昆嵛山有栽培。

马尾松为喜光、深根性树种，不耐庇荫，不耐盐碱，喜温暖湿润气候，能生于干旱、瘠薄的红壤、石砾土及沙质土，或生于岩石缝中。荒山恢复森林的先锋树种，供建筑、枕木、矿柱、家具及木纤维工业（人造丝浆及造纸）原料等用；树干可割取松脂，为医药、化工原料。根部树脂含量丰富；树干及根部可培养茯苓、蕈类，供中药及食用，树皮可提取栲胶。

泰安市岱岳区化马湾乡马尾松

种名： 马尾松

树龄： 200 年

学名： *Pinus massonniana* Lamb.

位置信息： 北纬 36.049843 东经 117.447588

科属： 松科 Pinaceae 松属 *Pinus*

此树位于泰安市岱岳区化马湾乡新店村委门口。树高7.8米，胸径59.8厘米，平均冠幅13.9米。

黑松

黑松（*Pinus thunbergii* Parl.）隶属松科（Pinaceae）松属（*Pinus*）。常绿乔木。树皮灰黑色，片状脱落；一年生枝淡褐黄色，无毛；冬芽圆柱形，银白色。针叶2针一束，深绿色，有光泽，粗硬；长6~12厘米，径1.5~2毫米，粗硬；叶内维管束2条，边缘有细锯齿。球果熟时褐色，圆锥状卵圆形或卵圆形，长4~6厘米，径3~4厘米。种子倒卵状椭圆形，连翘长1.5~1.8厘米。花期4—5月，种子翌年10月成熟。

黑松原产日本及朝鲜南部海岸地区。我国旅顺、大连、山东、浙江北部沿海地带和蒙山山区以及武汉、南京、上海、杭州等地引种栽培。山东省内各林场、公园、庭院有引种栽培。

黑松木材富树脂、较坚韧、结构较细、纹理直、耐久用，可作建筑、矿柱、器具、板料及薪炭等用。黑松富观赏价值，黑松盆景对环境适应能力强，庭院、阳台均可培养。黑松不仅是盆栽的优秀植物，在园林绿化中也是使用较多的优秀苗木，黑松可以用于道路、小区、工厂、广场绿化，不仅绿化效果好、恢复速度快，而且价格低廉。黑松也是著名的海岸绿化树种，可用作防风，防潮，防沙林带及海滨浴场附近的风景林，行道树或庭阴树。在国外亦有密植成行并修剪成整齐式的高篱，围绕于建筑或住宅之外，既有美化又有防护作用。

潍坊市临朐县沂山黑松

种名：黑松

树龄：160 年

学名：*Pinus thunbergii* Parl.

位置信息：北纬 36.197128 东经 118.635027

科属：松科 Pinaceae 松属 *Pinus*

此树位于潍坊市临朐县蒋峪镇沂山风景区法云寺。此树高6.2米，枝下高2米，胸径85.7厘米，平均冠幅11.5米。

法云寺始建于东汉元和元年（公元84年），规模不甚宏伟，是当时齐国南疆唯一的大佛寺，自然也是佛教的活动中心。它原名“发云寺”，因处沂山中心，四面环山、常有雾气笼罩、白云沉浮，而得名“发云寺”，后来又因佛家尊称曰“法”，两字谐音，后改名“法云寺”，并一直沿用至今。黑松为东晋末年扩建功饰时栽种。自东汉至东晋200年间，佛教日兴月盛。沂山法云寺是名山重寺，进香朝山者不绝，各地高僧亦时有往来，誉满四海。

杉木

杉木【*Cunninghamia lanceolata* (Lamb.) Hook.】隶属杉科（Taxodiaceae）杉木属（*Cunninghamia*），别名沙木、沙树、正杉、刺杉。常绿乔木。树皮灰褐色，裂成长条片脱落，内皮淡红色。叶螺旋状着生，侧枝之叶基部扭转成二列状，披针形或条状披针形，叶革质，边缘有细缺齿。大枝平展，小枝近对生或轮生，常成二列状，幼枝绿色，光滑无毛；冬芽近圆形。叶在主枝上辐射伸展，雄球花圆锥状，簇生枝顶；雌球花单生或2~4个集生，绿色。球果卵圆形，苞鳞革质，棕黄色；种鳞很小，先端3裂，腹面着生3种子；种子扁平，遮盖着种鳞，长卵形或矩圆形，暗褐色，有光泽，两侧边缘有窄翅。花期4月，球果10月下旬成熟。

杉木为长江流域、秦岭以南地区栽培最广、生长快、经济价值高的用材树种。山东崂山、昆嵛山、泰山、蒙山、沂山、塔山等地有引种栽培。

杉木木材黄白色，有时心材带淡红褐色，质较软，细致，有香气，纹理直，易加工，耐腐力强，供建筑、桥梁、造船、矿柱，木桩、电杆、家具及木纤维工业原料等用。树皮含单宁，可入药。

日照市东港区“响水双杉”

种名： 杉木

树龄： 210 年

学名： *Cunninghamia lanceolata* (Lamb.) Hook.

位置信息： 北纬 35.411850 东经 119.212108

北纬 35.413511 东经 119.211963

科属： 杉科 Taxodiaceae 杉木属 *Cunninghamia*

在日照市东港区西湖镇响水河村，有两棵古杉木，双木并立，历经风雨二百余载。经测量，其中一株树高16米，胸径44.6厘米，平均冠幅5.8米；另一株树高16.5米，胸径46厘米，平均冠幅5.25米，长势大致相同。

近年来树势较弱，开花结实量很少。这两棵古树表明早在200多年以前，杉木就已经在山东引种栽植。

柳杉

柳杉【*Cryptomeria japonica*（L. f.）D. Don var. *sinensis* Miq.】隶属杉科（Taxodiaceae）柳杉属（*Cryptomeria*），别名长叶孔雀松。常绿乔木。树冠狭圆锥形或圆锥形，树皮红棕色，纤维状，裂成长条片脱落。大枝近轮生，平展或斜展；小枝细长，常下垂，绿色。叶钻形略向内弯曲；雄球花单生叶腋，成短穗状花序状；雌球花顶生于短枝上；球果圆球形或扁球形；种子褐色，近椭圆形，扁平。花期4月，球果10月成熟。

柳杉为中国特有树种，分布于浙江、福建、江西等省份。其中，浙江天目山、浙江百山祖保存了树龄在200~800年的较大规模柳杉古树林。山东省蒙山、徂徕山、昆嵛山、崂山等林场及青岛、烟台、泰安、临沂等地有引种栽培。

柳杉材质较轻软，纹理直，结构细，耐腐力强，易加工，可供建筑、桥梁、造船、造纸、家具、蒸笼器具等用，也是重要用材树种。枝叶和木材加工时的废料，可蒸馏芳香油；亦可用作药用，具解毒，杀虫，止痒等功效。

柳杉树形圆整高大，树姿雄伟，最适于列植、对植，或于风景区内大面积群植成林，是一个良好的绿化和环保树种。浙江天目山的大树华盖景观主要由柳杉形成，从山脚禅源寺到开山老殿，沿途柳杉保存完好，胸径在1米以上的就有近400株。在庭院和公园中，可于前庭、花坛中孤植或草地中丛植。柳杉枝叶密集，性又耐阴，也是适宜的高篱材料，可供隐蔽和防风之用。

临沂市费县塔山柳杉

种名： 柳杉

树龄： 124 年

学名： *Cryptomeria japonica* (L. f.) D. Don var. *sinensis* Miq.

位置信息： 北纬 35.443313 东经 118.037799

科属： 杉科 Taxodiaceae 柳杉属 *Cryptomeria*

此树位于临沂市费县南张庄乡塔山分区塔山森林公园天蒙景区内。树高18米，胸径38厘米，平均冠幅11.5米。

水杉

水　杉（*Metasequoia glyptostroboides* Hu et Cheng）隶属杉科（Taxodiaceae）水杉属（*Metasequoia*）。落叶乔木。树干基部常膨大，树皮灰色、灰褐色或暗灰色。叶在侧生小枝上列成二列，羽状，冬季与枝一同脱落。球果下垂，近四棱状球形或矩圆状球形，成熟前绿色，熟时深褐色。花期2月下旬，球果11月成熟。

水杉为中国特产，仅分布于四川石柱县及湖北利川市磨刀溪、水杉坝一带及湖南西北部龙山及桑植等地。山东省各地普遍栽培。

水杉适应性强，喜湿润生长快，材质轻软，纹理直，结构稍粗，早晚材硬度区别大，不耐水湿。可供建筑、板料、造纸等用；树姿优美，为庭园观赏树及四旁绿化树种。

水杉属在中生代白垩纪和新生代约有6~7种，过去认为早已绝灭，1941年中国植物学者在湖北利川谋道镇（当时四川万县磨刀溪）首次发现这一闻名中外古老珍稀孑遗树种。

青岛市胶州市阜安街道水杉

种名： 水杉

树龄： 100 年

学名： *Metasequoia glyptostroboides* Hu et Cheng

位置信息： 北纬 36.279950 东经 120.003822

科属： 杉科 Taxodiaceae 水杉属 *Metasequoia*

此树位于青岛市胶州市阜安街道李家大院。树高21.5米，胸径60.5厘米，平均冠幅11米。

相传为清代助息园主人王葆崇所植。助息园为明清时期的胶州著名的私家园林，据王葆崇的《重修助息园记》记载，助息园的前身，是清康熙年间官至布政使的胶州名人宋可发所建的著名园林“西园”。后被王家购得整修，清咸丰十一年（公元1861年）再次荒废。王葆崇曾在京城供职，被朝廷赏赐六品官衔，因厌恶官场的逢迎之习，于清光绪十四年（公元1888年）毅然“挂冠而去”，回到胶州后，对园林进行了修复改建，补植花草树木，引来溪流活水，修筑颓塌的亭堂廊舍，使这处昔日名园重新焕发了勃勃生机，并将修复后的此园取名“助息园”。此树树龄百年有余，目前生长茂盛。

侧柏

侧柏【*Platycladus orientalis* (L.) Franco】隶属柏科（Cupressaceae）侧柏属（*Platycladus*），别称黄柏、香柏、扁柏、扁桧、香树、香柯树。常绿乔木。树皮薄，纵裂成条片，浅灰褐色。叶鳞形，先端微钝。球果近卵圆形，种子卵圆形，无翅。花期3—4月，球果10月成熟。

在中国分布极广，遍布全国各省份。山东各地均有分布，主要产于石灰岩山地，是山东石灰岩山地重要造林树种。

侧柏不但文化底蕴深厚，而且适应性强，寿命极长，是优良的园林绿化树种。传统中医学认为，柏树发出的芳香气体具有清热解毒、燥湿杀虫的作用，可祛病抗邪，培养人体正气，素有空气维生素之誉。其木材淡黄褐色，富树脂，材质细密，纹理斜行，耐腐力强，坚实耐用，可供建筑、器具、家具、农具及文具等用。种子与生鳞叶的小枝入药。

侧柏斗寒傲雪、坚毅挺拔，乃百木之长，素为正气、高尚、长寿、不朽的象征。古人在墓地种植柏树，源于民间传说，相传古代有一种恶兽，名叫魍魉，性喜盗食尸体和肝脏，每到夜间，就出来挖掘坟墓取食尸体。此兽灵活，令人防不胜防，但其性畏虎怕柏，所以古人为避这种恶兽，常在墓地立石虎、植柏树。在墓地栽柏也有象征永生或转生、新生的含义，寄托让死者“长眠不朽”的愿望。

泰安市泰山区岱庙“汉柏凌寒”

种名： 侧柏

树龄： 2100 年

学名： *Platycladus orientalis* (L.) Franco

位置信息： 北纬 36.193225 东经 117.126152

科属： 柏科 Cupressaceae 侧柏属 *Platycladus*

此树位于泰安市泰山区岱庙街道岱庙汉柏院内西北角。树高11.1米，东干胸径71.6厘米，平均冠幅5.7米。

相传这株古柏为汉武帝刘彻亲手所植。原为双干连理，盘曲而上，枯枝似龙爪，树形如龙跃，气势轩昂，西干早年已死，腹中也曾被火烧过，东干仅依靠树干北面40厘米宽的树皮上下输送养分而自强不息，长留天地间，故誉名“汉柏凌寒”，已列入世界遗产名录。乾隆皇帝封泰山时见汉柏枝叶仍苍龙可爱，亲绘图“御制汉柏图赞”刻于石碑上立在树旁，并题诗曰：“汉柏曾经手自图，郁葱映照翠阴扶，殿房亭里相望近，名实宾主说是乎”。

泰安市泰山区岱庙“挂印封侯柏”

种名： 侧柏

树龄： 2100 年

学名： *Platycladus orientalis* (L.) Franco

位置信息： 北纬 36.193008 东经 117.125928

科属： 柏科 Cupressaceae 侧柏属 *Platycladus*

此树位于泰安市泰山区岱庙街道岱庙正阳门东。此树高9.4米，胸径137厘米，平均冠幅10.8米，树冠呈球形。

相传为汉元封元年（公元前110年）汉武帝刘彻为缅怀开国将军萧何所植，苍郁挺拔，枝繁叶茂，在距树基8米处，主干与侧枝的交接处长了一个奇特的树瘤，越看越像一只顽皮的猴子在猴头猴脑地东张西望，取其谐音便有了“挂印封侯”的说法，已列入世界遗产名录。这株汉柏整个树冠颇似倒置的大印，使人联想起三国时期关云长拒曹操封侯，将印挂在树上的故事，又寓情操高尚、威武忠义于其中。

泰安市泰山区岱庙“赤眉斧痕柏”

种名： 侧柏

树龄： 2100 年

学名： *Platycladus orientalis* (L.) Franco

位置信息： 北纬 36.193062 东经 117.126269

科属： 柏科 Cupressaceae 侧柏属 *Platycladus*

此树位于泰安市泰山区岱庙街道岱庙汉柏院内。此树高10.4米，胸径142厘米，平均冠幅9.3米。

北魏郦道元在其地理名著《水经注》中记载：“泰山有下中上三庙（下庙）墙阙严整，庙中柏树夹两阶，大二十余围，盖汉武所植也，赤眉尝斩一树，见血而止，今斧创犹存。”西汉末年，山东东部和江苏北部发生大灾荒，诸城的樊崇等领导的农民起义军揭竿而起，他们因用赤色染眉做标识，故称“赤眉军”。起义军曾一度驻扎于泰山天胜寨。不知出于对汉廷的仇恨，还是苦于木材的匮乏，赤眉军来到岱庙后对庙内汉武帝刘彻所植的柏树动起斧来。说来也怪，没砍几斧，柏树竟流出“血”（赤色液体）来，这使得赤眉军大为恐慌，不得不停止砍伐，这斧痕却保留了下来，并且红色斑迹犹存，成为奇观。此树被誉名为“赤眉斧痕”，已列入世界遗产名录。如今，古柏基部上又出现了达摩祖师像，神奇非常。

济南市历城区柳埠镇神通寺四门塔“九顶松”

种名：侧柏

树龄：2000 年

学名：*Platycladus orientalis* (L.) Franco

位置信息：北纬 36.453186 东经 117.129756

科属：柏科 Cupressaceae 侧柏属 *Platycladus*

此树位于济南市历城区柳埠镇神通寺四门塔旁。高 25 米，胸径 189 厘米，平均冠幅 19.4 米。古柏与四门塔相伴千年，“古塔松风”为济南十六景之一。

据史书记载，九顶松植于汉代，矗立四门塔旁，相依相伴。随文帝杨坚册封其为灵神松。“柏”与“悲”同音，且自古便松柏不分家，为避讳，所以称柏树为松树。九顶“柏”便有了九顶松之名。相传很久以前，飞来一只五彩缤纷的凤凰，落在树上栖息，黎明时，神通寺洪亮的钟声惊飞了凤凰，起飞时，凤凰用力过猛，蹬断了粗大的主干。后主干处长出九个粗大的枝杈，且造型奇特，挺拔苍劲，“九顶松”树形得以形成。清代董芸有诗赞曰：“朗公精舍古神通，劫火烧尽五代空，唯有四门古塔下，长松九顶尚青葱。”

济宁市嘉祥县纸坊镇青山寺“古柏七雄”

种名：侧柏

树龄：1800 年

学名：*Platycladus orientalis* (L.) Franco

位置信息：北纬 35.308370 东经 116.312170

科属：柏科 Cupressaceae 侧柏属 *Platycladus*

此古树群位于济宁市嘉祥县纸坊镇青山村青山寺惠济宫殿前。此树为青山寺古侧柏群中最大一株，高17米，枝下高2.5米，胸径74厘米，平均冠幅6.3米。

青山寺始建年代不详，寺庙内古柏林立，云遮雾绕，其中惠济公大殿前感应泉两侧七株高大挺拔的汉代古柏，鹤立群首，自成一景，誉称“古柏七雄”。由东汉建宁二年（公元169年）焦王祠重修碑记推测，7株古柏年龄在1800年以上。

临沂市费县丛柏庵“苍松挂壁”

种名： 侧柏

树龄： 2000 年

学名： *Platycladus orientalis* (L.) Franco

位置信息： 北纬 35.184023 东经 117.911748

科属： 柏科 Cupressaceae 侧柏属 *Platycladus*

此树位于临沂市费县费城街道丛柏庵景区内，该景区集中分布有25株唐代的侧柏，平均树高12米（最高的一株26米），平均胸径30厘米，平均冠幅8米。该古侧柏群郁郁葱葱、古树参天、虬蟠挂壁、枝柯掩映、苍翠欲滴。

古代“玉环八景”之一的“苍松挂壁”，即指此处。置于林中的佛寺“丛柏庵”，因此处侧柏丛生而得名。在丛柏庵西南角的山岩上，并立着两棵伟岸挺拔的“姊妹柏”，人称“连理柏”，这两棵树并非枝干连生，而是同根所生，同株双干，树龄2000年。另有一根长达57.9米的“爱情藤”附于其上，虬曲盘绕，有“连理柏下情长在，爱情藤上不老情”之说，平添了几分观赏情趣。

济宁市曲阜市尼山孔庙侧柏

种名： 侧柏

学名： *Platycladus orientalis* (L.) Franco

科属： 柏科 Cupressaceae 侧柏属 *Platycladus*

树龄： 1300 年

位置信息： 北纬 35.503516 东经 117.218048

此树位于济宁市曲阜市尼山镇尼山孔庙大成殿院内。树高 18.3 米，胸径 83.4 厘米，平均冠幅 9.7 米。

相传此树植于汉代，是孔庙内现存最古老的一株侧柏。古侧柏经历世代沧桑苍翠挺拔，枝叶葱郁，与大成殿相衬相映，颇为壮观。孔林是古树奇木的宝库，据郦道元的《水经注》引《皇览》载：孔子死后，弟子各以四方奇木来植，故多异树，鲁人世世代代无能名者，并有“乌鸦不落孔林”的生态奇景。

济宁市曲阜市孟母林侧柏群

种名： 侧柏

树龄： 2400 年

学名： *Platycladus orientalis* (L.) Franco

位置信息： 北纬 35.489829 东经 116.977753

科属： 柏科 Cupressaceae 侧柏属 *Platycladus*

此古树群位于济宁市曲阜市小雪街道凫村孟母林。古树群中最大一株树高 12.8 米，胸径 127.4 厘米，平均冠幅 14.6 米。

孟母林内的侧柏群，树种单一、保存完好，是我国目前第二大古墓侧柏山林，极具观赏性和研究价值，此树为侧柏群中年龄最大的古树。孟母林的西边，就是孟子出生地凫村，孟子童年时，孟母三迁择邻，就是从凫村出发的。古树气象峥嵘，仿佛为我们讲述着：孟母三迁、买肉啖子、断机教子这些不朽的故事，诗曰："自古闺中德，人称孟母贤；苦心机一断，善教舍三迁。"

千头柏

千　头　柏【*Platycladus orientalis* (L.) Franco 'Sieboldii'】隶属柏科（Cupressaceae）侧柏属（*Platycladus*），又叫扫帚柏，为栽培变种。丛生灌木，无主干；枝密，向上伸展；树冠卵圆形或球形；叶鳞形，先端微钝。雌雄同株，雄球花黄色，卵圆形；雌球花近球形，蓝绿色，被白粉。球果，近卵圆形，成熟前近肉质，蓝绿色，被白粉，成熟后木质，开裂，红褐色；种子卵圆形或近椭圆形，顶端微尖，灰褐色或紫褐色。花期3—4月，球果10月成熟。

全省各地公园、庭院多有栽培。

千头柏木材坚实耐用，有多种用途；种子及生鳞叶的小枝药用，有滋补强壮的功效；小枝药用有健胃功效；可供绿化观赏。

济南市趵突泉公园千头柏

种名： 千头柏

树龄： 400 年

学名： *Platycladus orientalis* (L.) Franco 'Sieboldii'

位置信息： 北纬 36.659925 东经 117.008797

科属： 柏科 Cupressaceae 侧柏属 *Platycladus*

此树位于济南市历下区趵突泉街道办事处趵突泉万竹园内。树高7.5米，胸径43.4厘米，平均冠幅7米。

万竹园曾是山东督军张怀芝的私家花园，是吸取北京王府、南方庭院、济南四合院建筑特点糅合而成的古建筑群。始建于元代，因园中多竹而得名。元代，因园内筑有“胜概楼”，赵孟頫曾有诗描写其壮观，称“济南胜概天下少”。清代短篇小说之王蒲松龄以殷士儋小时候在万竹园的故事创作了《狐嫁女》。据考证，千头柏为明万历年间栽种。

线柏

线　柏【*Chamaecyparis pisifera* (Sieb. et Zucc.) Endl. 'Filifera'】隶属于柏科（Cupressaceae）扁柏属（*Chamaecyparis*），为日本花柏的栽培变种。常绿灌木或小乔木。树冠状球形或近球形，通常宽大于高；枝叶浓密，绿色或淡绿色；小枝细长而下垂；鳞叶先端锐尖。

线柏原产日本，我国庐山、南京、杭州等地引种栽培，山东青岛、菏泽有栽培。为优美的风景树，适合观赏绿化应用。

菏泽市牡丹区线柏

种名： 线柏

树龄： 130 年

学名： *Chamaecyparis pisifera* (Sieb. et Zucc.)Endl. 'Filifera'

位置信息： 北纬 35.270288 东经 115.474728

科属： 柏科 Cupressaceae 扁柏属 *Chamaecyparis*

此树位于菏泽市牡丹区牡丹街道古今园内，树龄130年，树高11.7米，胸径30厘米，平均冠幅4.6米，生长旺盛。

北美圆柏

北美圆柏（*Juniperus virginiana* L.）隶属柏科（Cupressaceae）刺柏属（*Juniperus*），又称铅笔柏。常绿乔木。树皮红褐色，裂成长条片脱落；生鳞叶的小枝细，呈四棱形。鳞叶菱状卵形，先端急尖或渐尖。枝条直立或向外伸展，形成柱状圆锥形或圆锥形树冠。通常雌雄异株。球果当年成熟，近圆球形或卵圆形，蓝绿色，被白粉；种子1~2粒，卵圆形，有树脂槽，熟时褐色。花期2—3月，球果9—10月成熟。

原产于北美。山东各地公园、庭院有引种栽培。

北美圆柏可用于绿化观赏，常作庭园树。木材可提炼高倍显微镜用油，是制作铅笔杆及细木工的优良用材。

日照市五莲县石场乡北美圆柏

种名： 北美圆柏

学名： *Juniperus virginiana* L.

科属： 柏科 Cupressaceae 刺柏属 *Juniperus*

树龄： 360 年

位置信息： 北纬 35.596695 东经 119.087608

此树位于日照市五莲县石场乡东邵宅村村东水库边。树高7.8米，胸径60.2厘米，平均冠幅8.9米。

圆柏

圆柏（*Juniperus chinensis* L.）隶属柏科（Cupressaceae）刺柏属（*Juniperus*），别名刺柏、柏树。常绿乔木。树皮呈狭条片脱落，深灰色，纵裂。有刺叶和鳞叶二型，刺叶生于幼树之上，老龄树则全为鳞叶，壮龄树兼有刺叶与鳞叶。种子卵圆形，扁，顶端钝，有棱脊及少数树脂槽；雌雄异株稀同株，雄球花黄色，椭圆形。花期3—4月，球果翌年10—11月成熟。

分布较为广泛，北自内蒙古及沈阳以南，南至两广北部，东自滨海省份，西至四川、云南均有分布。全国各地公园、庭院多有引种栽培。山东省各地普遍引种栽培。

圆柏为普遍栽培的庭园树种。圆柏坚韧致密，耐腐力强。可供房屋建筑、家具、文具及工艺品等用。树根、树干及枝叶可提取柏木脑的原料及柏木油，枝叶入药，种子可提润滑油。

圆柏称桧，自古已然。公元前，中国古籍中便有桧（圆柏）的利用、栽培的记载。3000多年前，中原、淮扬、江汉等地圆柏多有著名的大材，西周分封的诸侯国中，便有因之将圆柏作为国名，称为“桧”（《诗经·桧风》）。桧，不仅“性能耐寒，其材大，可为舟及棺椁”（《诗经·卫风·竹竿》），而且，“其枝叶乍桧乍柏，一枝之间屡变”，已经清楚地知道圆柏的叶，幼树时为针刺叶，随着树龄的增长，针叶逐渐被鳞片所代替。

青岛市崂山区太清宫圆柏

种名： 圆柏

树龄： 2150 年

学名： *Juniperus chinensis* L.

位置信息： 北纬 36.139959 东经 120.670690

科属： 柏科 Cupressaceae 刺柏属 *Juniperus*

此树位于青岛市崂山区太清宫三皇殿前，树高23米，胸径122厘米，平均冠幅15.7米。

据崂山《太清宫志》记载，这株古树是崂山太清宫开山始祖张廉夫在初创太清宫时亲手所植。树龄2100余年，是现存崂山最老的古树之一，属国家一级保护古树。古柏主干、枝条的皮纹和木理扭曲向上，地面老根扭曲隆起，宛如一条扶摇直上的苍龙，扶疏荫翳之气欲喷云雾。上面的几个粗大的主枝，遒劲苍翠，抚云摩天，有的巨臂凌空，宛若飞云；有的盘曲纠缠，其冠如盖；有的铁枝丛翠，风姿绰约。

泰安市泰山区岱庙“苍龙吐虬”柏

种名： 圆柏

树龄： 2100 年

学名： *Juniperus chinensis* L.

位置信息： 北纬 36.192752 东经 117.126328

科属： 柏科 Cupressaceae 刺柏属 *Juniperus*

此树位于泰安市泰山区岱庙汉柏院内。树高6.8米，胸径162厘米，平均冠幅10.2米。

汉武帝刘彻，曾七次登封泰山，植柏树千株，首开泰山植树之先河，该株为其中一株，是泰山最古老的桧柏，有2100多年的历史，与另一株侧柏组成一处景点，名为“苍龙吐虬”柏，又称“古柏老桧”。

泰安市泰山关帝庙“汉柏第一”

种名： 圆柏

树龄： 2100 年

学名： *Juniperus chinensis* L.

位置信息： 北纬 36.209422 东经 117.122190

科属： 柏科 Cupressaceae 刺柏属 *Juniperus*

此树位于泰安市泰山关帝庙院内。树高7.4米，胸径120厘米，平均冠幅14.95米。

1987年被列为世界遗产名录之一。此树树干树枝皆扭曲生长，状如翻身虬龙；小枝小杈盘旋扭曲恰似龙须龙爪。细观三根主枝，局中者如龙作欲飞状似刘备，旁边斜枝似端刀者即关公，又有似持戟者是张飞，故又有人称之为“结义柏”。

相传此柏为汉武帝封禅泰山所植，蹲踞苍古，干枝横卧斜逸。扭曲连环，气象峥嵘。清代末年有人在旁立石碑，碑额横镌“汉柏第一”四个大字，笔迹清秀洒脱。面对泰山盘道，游人至此，顿生敬意。

济宁市曲阜市孔庙古柏

种名： 圆柏

学名： *Juniperus chinensis* L.

科属： 柏科 Cupressaceae 刺柏属 *Juniperus*

树龄： 1900 年

位置信息： 北纬 35.596478 东经 116.984485

此树位于济宁市曲阜市孔庙大成殿前。树高14.2米，胸径121厘米，平均冠幅10.5米。

相传此树植于汉代，是孔庙内现存的最古老的一棵古树。古柏经历世代沧桑，苍翠挺拔，树干不枯，枝叶葱郁，整株树体生机盎然，与大成殿相衬相伴，颇为壮观，令游人观瞻不绝。“文庙地灵松柏古，讲坛春暖杏花香”，汉柏历经千年，阅尽世事沧桑，向后人展示着其特有的极强生命力，给人以启迪。

济宁市嘉祥县冉子祠“唐柏第一树”

种名： 圆柏

树龄： 2000 年

学名： *Juniperus chinensis* L.

位置信息： 北纬 35.603781 东经 116.146747

科属： 柏科 Cupressaceae 刺柏属 *Juniperus*

此树位于济宁市嘉祥县黄垓乡冉子祠前门东侧，树高13米，胸径259厘米，平均冠幅11.5米。此树干如燕塔，苍劲多姿，侧观树身犹如狮面，号称“唐柏第一树”。

相传为汉代栽植，树龄已有2000余年。关于冉子祠和大柏树，在《曹州府志》均有记载：“郓城东35里者，三冉之故居也，里有金钱岭，岭上有故祠址，老树颓然如数百年物。”清代武举王威远赋诗《冉子祠双桧》，诗曰“双桧古祠前，凌寒枝挺然，虬枝龙形动，叶密鸟声圆”。当地人称双桧古树为“黄垓大柏树”，远近闻名。

济宁市曲阜市“先师手植桧”

种名：圆柏

树龄：1900 年

学名：*Juniperus chinensis* L.

位置信息：北纬 35.595900 东经 116.984400

科属：柏科 Cupressaceae 刺柏属 *Juniperus*

此树位于济宁市曲阜市鲁城街道大成门石壁东。树高16.6米，胸径70厘米，枝下高7.9米，平均冠幅10.6米，生长旺盛。

关于此桧树，最早记载见于唐代封演所著《封氏闻见记》：“兖州曲阜文宣王庙内并殿西、南，各有柏叶松身之树，各高五、六丈，枯槁已久，相传夫子手植，永嘉三年其树枯死。”

据说在孔子手植桧原有三株。西晋永嘉三年（公元309年）和唐乾封二年（公元667年），手植桧先后两次枯死，直到宋康定元年（公元1040年）桧树又萌发新芽。金贞祐二年（公元1214年），手植桧又毁于战火，两棵被焚毁，元至元三十一年（公元1294年）幸免的一棵桧树再次萌生。明弘治十二年（公元1499年），孔庙不慎着火，手植桧被焚。清雍正二年（公元1724年）的一天，这棵桧树再次遭遇火灾。今树为清雍正十年（公元1732年）在原有基础上重生。

宋代大书法家米芾为此树作《孔圣手植桧赞》，赞曰：“炜皇道，养白日。御元气，昭道一。动化机，此桧植。矫龙怪，挺雄姿。二千年，敌金石。纠治乱，如一昔。百氏下，荫圭璧。”树东立有石碑“先师手植桧”，是明万历年间杨光训手书。先师手植桧历来受到重视，过去人们把它看作孔子思想的象征，它不仅与孔氏家族的命运联系在一起，“此桧日茂则孔氏日兴”，而且还同封建统治者的命运联系在一起。这棵饱经风霜阅遍人间沧桑的古树，成了活的文物，是孔子精神不死的象征，也是孔氏家族绵延不绝的一种历史见证。

刺柏

刺柏（*Juniperus formosana* Hayata）隶属柏科（Cupressaceae）刺柏属（*Juniperus*）。常绿乔木。树皮纵裂成长条薄片脱落，小枝三棱形，下垂。叶三叶轮生，条状披针形或条状刺形。雄球花圆球形或椭圆形。球果近圆形，长6~10毫米，径6~9毫米，肉质，翌年成熟，熟时淡红褐色，被白粉或白粉脱落。种子半月圆形，具3~4棱脊。

刺柏是我国特有树种，分布很广，全国大部分地区均有分布，多散生于林中。山东省济南、青岛、泰安、临沂等地公园有引种栽植。山东刺柏古树资源较多，主要分布在山区及名胜古迹区。

刺柏边材淡黄色，心材红褐色，结构细致，木材坚硬，是造船、工艺品及家具的优良树种；刺柏小枝下垂，树形美观，是良好的绿化树种。

济宁市宁阳县伏山镇禹王庙“夫妻柏”

种名：刺柏

树龄：2700年

学名：*Juniperus formosana* Hayata

位置信息：北纬35.895997 东经116.785417

科属：柏科 Cupressaceae 刺柏属 *Juniperus*

济宁市宁阳县伏山镇堽城坝村禹王庙内，现有古柏11株。进入禹王庙大门，迎面东西并排两株古柏，两株柏树被人称为“夫妻柏”。东侧一株高达15米，胸径达到92厘米，平均冠幅5.5米，被称为“第一柏”。西侧的一株略低于东柏，树冠蓊郁，犹如淑女，全株向东斜长，有偎夫之怀之韵。

禹王庙位于堽城坝村北，据清咸丰元年重修《宁阳县志·秩祀》记载：“原名汶河神庙，在堽城坝，明成化十一年（公元1475年）员外郎张盛建坝，因立庙。”

民间传说“夫妻柏”是大禹和妻子女娇的化身。大禹在外治水13年，积劳成疾，病死在汶水之滨，为了纪念大禹，人们把他安葬在禹王庙这个位置，在埋葬大禹的地方，长出了一株翠柏，以示大禹死后镇守汶水，也就是东侧的柏树。大禹妻子女娇来到这里寻他，得知大禹已不在人世，悲痛欲绝，一头栽到树下，离开人间，化作西侧柏树，与大禹日夜相守、不离不弃。

杜松

杜松（*Juniperus rigida* Sieb. et Zucc.）隶属于柏科（Cupressaceae）刺柏属（*Juniperus*）。常绿灌木或小乔木。小枝下垂。全为刺叶，三叶轮生，质厚，坚硬，面凹下成深槽，槽内有1条窄白粉带，下面有明显的纵脊。球果圆球形，熟时淡褐黑色或蓝黑色，常被白粉；种子近卵圆形，长约6毫米，顶端尖，有4条不显著的棱角。

分布于我国黑龙江、吉林、辽宁、内蒙古、河北北部、山西、陕西、甘肃及宁夏等省份。生于比较干燥的山地。山东青岛、烟台、泰安、济南、潍坊等地有栽培。

杜松可作庭园绿化树。其木材坚硬，边材黄白色，心材淡褐色，纹理致密，耐腐力强。可作工艺品、雕刻品、家具、器具及农具等用。果实入药，有利尿、发汗、祛风的效用。

烟台市牟平区永海街道杜松

种名： 杜松

树龄： 300 年

学名： *Juniperus rigida* Sieb. et Zucc.

位置信息： 北纬 37.387173 东经 121.600878

科属： 柏科 Cupressaceae 刺柏属 *Juniperus*

此树位于烟台市牟平区宁海街道永安里村正阳路498号（烟台市公安局牟平分局特巡警大队南侧小区院内）。树高9.3米，胸径30.3厘米，平均冠幅4.2米。

此树位于一居民区内，周围有花岗石做成的花坛，同时与紫薇搭配种植，高低错落有致，相得益彰。由于该小区居民保护得当，此树生长旺盛，枝干苍劲有力，孩童经常围着古树游憩，也为小区增添了许多乐趣。

罗汉松

罗汉松【*Podocarpus macrophyllus* (Thunb.) Sweet】隶属罗汉松科（Podocarpaceae）罗汉松属（*Podocarpus*）。常绿针叶乔木。树皮裂成薄片状脱落，灰色或灰褐色。叶条状披针形，微弯先端尖，基部楔形，中脉在两面均隆起。雄球花穗状常3~5个簇生于叶腋极短的总梗上，基部有数枚三角状苞片；雌球花单生叶腋，有梗，基部有少数苞片。种子卵圆形，熟时肉质假种皮紫黑色，有白粉，种托肉质圆柱形，红色或紫红色。花期4—5月，种子9—10月成熟。

产于中国江苏、浙江、福建、安徽、江西、湖南、四川、云南、贵州、广西、广东等省份，山东有引种栽培。

罗汉松喜温暖湿润气候，耐寒性较弱，是庭院和高档住宅的绿化树种，神韵清雅挺拔，自有一股雄浑苍劲的傲人气势，有长寿、守财、吉祥寓意。其材质细致均匀，易加工。木材可作家具、器具、文具及农具等。

济南市趵突泉公园罗汉松

种名： 罗汉松

树龄： 600 年

学名： *Podocarpus macrophyllus* (Thunb.) Sweet

位置信息： 北纬 36.660056 东经 117.010830

科属： 罗汉松科 Podocarpaceae 罗汉松属 *Podocarpus*

此树位于济南市趵突泉公园沧园内。树高3.2米，胸径19.3厘米，平均冠幅3.5米。

沧园原名勺沧园，取沧海一勺之意，是一处园中之园的传统庭院式建筑。其地在明、清两朝原为一书院的故址，清末以后屡次改为学校。沧园是明朝著名诗人、“后七子”领袖李攀龙的读书处。园周曲廊相围，沿廊修竹婆娑，院内罗汉松挺拔，腊梅橙黄，尤其雪后时刻，松竹梅各展风姿，构成一幅“岁寒三友图”。

被子植物

荷花玉兰

荷花玉兰（*Magnolia grandiflora* L.）隶属木兰科（Magnoliaceae）木兰属（*Magnolia*），又称广玉兰、大花木兰。常绿乔木。树皮淡褐色或灰色，薄鳞片状开裂。小枝粗壮，具横隔的髓心。叶厚革质，椭圆形，长圆状椭圆形或倒卵状椭圆形，先端钝或短钝尖，基部楔形。花大如荷，直径20~30cm，白色，芳香馥郁。聚合果圆柱状长圆形或卵圆形，密被褐色或淡灰黄色绒毛；蓇葖背裂，背面圆，顶端外侧具长喙，种子近卵圆形或卵形，外种皮红色。花期5—7月，果期9—10月。

荷花玉兰原产北美东南部，中国长江流域以南各城市有栽培。山东东部和中南部各地常见栽培。

荷花玉兰抗性较强，耐烟尘，为庭园绿化观赏树种。其木材黄白色，材质坚重，可供装饰材用。叶、幼枝和花可提取芳香油，花制浸膏用，叶入药治高血压，种子可榨油。

青岛市市南区江苏路街道荷花玉兰

种名： 荷花玉兰

树龄： 113 年

学名： *Magnolia grandiflora* L.

位置信息： 北纬 36.062116 东经 120.322708

科属： 木兰科 Magnoliaceae 北美木兰属 *Magnolia*

此树位于青岛市市南区江苏路街道广西路1号海军院内。树高9.5米，胸径67厘米，平均冠幅10.8米。

玉兰

玉兰【*Yulania denudata* (Desr.) D. L. Fu】隶属木兰科（Magnoliaceae）玉兰属（*Yulania*），别名白玉兰。树皮深灰色，粗糙开裂，小枝稍粗壮，灰褐色。叶纸质，倒卵形、宽倒卵形或倒卵状椭圆形，基部徒长枝叶椭圆形，先端宽圆、平截或稍凹，具短突尖。花先叶开放，花被片9片，白色，基部常带粉红色，长圆状倒卵形，聚合果圆柱形，种子种皮鲜红色。花期3月，果期8—9月。

玉兰分布于江西、浙江、湖南、贵州等省份。山东各地普遍栽培。

玉兰株型优雅，花开美丽，芳香宜人，叶、果亦形态优美而独特，是优良的多用途观赏树木。其材质优良，纹理直，结构细，可供家具、图板、细木工等用。花含芳香油，可提取配制香精或制浸膏，花蕾入药，花被片食用或用以熏茶，种子榨油供工业用。

玉兰最早在我国2500年前就已开始栽植，我国各地尚存不少玉兰古树，如甘肃省天水市玉兰村太平寺内唐代“双玉兰”的姐妹树已有1200多年树龄。陕西富平县唐代大将李光弼的墓前千年玉兰古树。山东玉兰古树资源共14株。分布于青岛市崂山区，烟台市牟平区、莱山区、海阳市和日照市五莲县。

青岛市崂山区王哥庄街道玉兰

种名： 玉兰

树龄： 250 年

学名： *Yulania denudata* (Desr.) D. L. Fu

位置信息： 北纬 36.218696 东经 120.666097

科属： 木兰科 Magnoliaceae 玉兰属 *Yulania*

此树位于青岛市崂山区王哥庄街道仰口景区白云洞。树高7.6米，胸径61.2厘米，平均冠幅5.8米。

白云洞此树位于山东青岛市崂山东麓冒岭山之阳，海拔400米，为天然石洞，由前后左右四块巨石叠架，洞额镌“白云洞”三个字，为清末翰林尹琳基所题。据传，在清乾隆三十五年（公元1770年）道士赵体顺主持重修后，才初具规模。建筑材料于一夜之间由海上运来，故有“神工白云洞，人工华严寺”之说。玉兰为重修时栽种，粗逾合抱，在青岛地区的玉兰中堪称首屈一指。

日照市五莲县叩官镇玉兰

种名：玉兰

树龄：120年

学名：*Yulania denudata* (Desr.) D. L. Fu

位置信息：北纬35.676100 东经119.453590

科属：木兰科 Magnoliaceae 玉兰属 *Yulania*

此树位于日照市五莲县叩官镇叩官村王氏祠堂内。树高6.2米，胸径45.5厘米，平均冠幅6米。长势旺盛，管理良好。

王氏祠堂经过200多年，如今已是断壁残垣，玉兰依旧坚守在王氏祠堂前，见证着王氏家族的兴起与没落。有诗赞曰："但有一枝堪比玉，何须九畹始征兰"。

紫玉兰

紫玉兰【*Yulania liliiflora* (Desr.) D. L. Fu】隶属木兰科（Magnoliaceae）玉兰属（*Yulania*），别名木笔、辛夷。落叶灌木或小乔木。常丛生，树皮灰褐色，小枝绿紫色或淡褐紫色。叶椭圆状倒卵形或倒卵形，侧脉每边8~10条。花紫色或紫红色，聚合果深紫褐色，圆柱形，成熟蓇葖近圆球形，顶端具短喙。花期3—4月，果期8—9月。

紫玉兰分布在中国云南、福建、湖北、四川等省份，一般生长在山坡林缘。山东各地有栽培。

紫玉兰的花大且美丽艳逸，姿态优美，气味幽香，观赏价值极高。明代睦石曾有诗云："霓裳片片晚妆新，束素亭亭玉殿春。已向丹霞生浅晕，故将清露作芳尘。"清代诗人查慎行也曾写过："阆苑移根巧耐寒，此花端合雪中看。羽衣仙女纷纷下，齐戴华阳玉道冠。"这些优美的诗句都赞美了紫玉兰花的美丽。

紫玉兰喜光，较耐寒，不耐盐碱，忌水湿。为著名的早春观赏花木，花开时满树紫红色花朵，幽姿淑态，别具风情。其树皮、叶、花蕾均可入药；花蕾晒干后称辛夷，气香、味辛辣，是中医治鼻病的主药，李时珍在《本草纲目》中肯定了其治疗鼻病的疗效。

烟台市莱阳市吕格庄镇紫玉兰

种名： 紫玉兰

树龄： 130 年

学名： *Yulania liliiflora* (Desr.) D. L. Fu

位置信息： 北纬 36.843862 东经 120.639164

科属： 木兰科 Magnoliaceae 玉兰属 *Yulania*

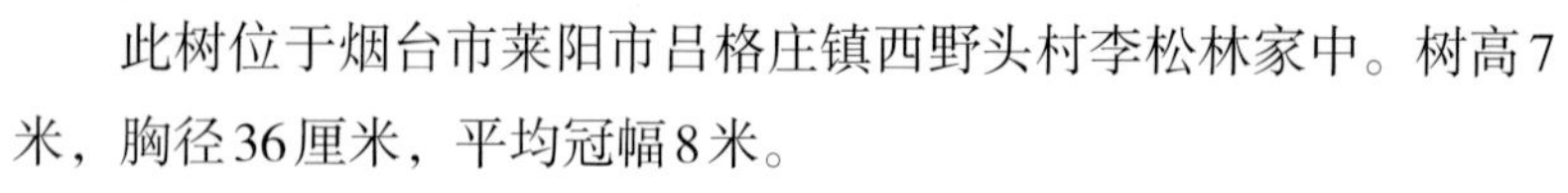

此树位于烟台市莱阳市吕格庄镇西野头村李松林家中。树高7米，胸径36厘米，平均冠幅8米。

西野头村建于民国时期，紫玉兰为建村时种植，目前生长良好。

泰安市泰山区岱庙紫玉兰

种名： 紫玉兰

树龄： 100 年

学名： *Yulania liliiflora* (Desr.) D. L. Fu

位置信息： 北纬 36.193193 东经 117.125115

科属： 木兰科 Magnoliaceae 玉兰属 *Yulania*

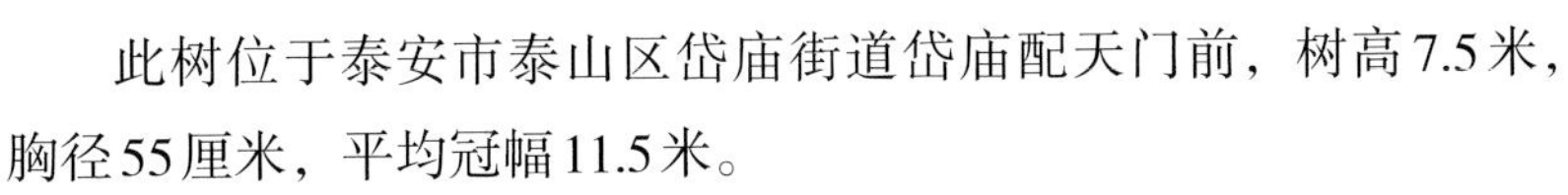

此树位于泰安市泰山区岱庙街道岱庙配天门前，树高7.5米，胸径55厘米，平均冠幅11.5米。

二乔玉兰

二乔玉兰【*Yulania* × *soulangeana* (Soul.-Bod.) D. L. Fu】隶属木兰科（Magnoliaceae）玉兰属（*Yulania*），系玉兰和紫玉兰的杂交种。落叶小乔木。高6~10米，小枝无毛。叶片互生，叶纸质，倒卵形。花蕾卵圆形，花先叶开放，浅红色至深红色。蓇葖卵圆形或倒卵圆形，具白色皮孔。种子深褐色，宽倒卵形或倒卵圆形，侧扁。花期2—3月，果期9—10月。

原产于中国，国内各地公园、庭院有栽种。山东内济南、青岛、泰安、潍坊、邹城等地公园、庭院有引种栽种。

二乔玉兰喜光，适合生长于气候温暖地区，不耐积水和干旱；耐寒，可耐-20℃的短暂低温。色香俱全的早春观花树种，花大色艳，观赏价值很高。广泛用于公园、绿地和庭园绿化。

青岛市市南区江苏路街道二乔玉兰

种名： 二乔玉兰

树龄： 100年

学名： *Yulania* × *soulangeana* (Soul.-Bod.) D. L. Fu

位置信息： 北纬36.063471 东经120.326503

科属： 木兰科 Magnoliaceae 玉兰属 *Yulania*

此树位于青岛市市南区江苏路街道龙华路1号社区院内。树高5.4米，胸径38.2厘米，平均冠幅7.3米。

此树生长旺盛，树干通直，树体粗壮，冠形优美。每当春季，红色花朵挂满枝头，花大色艳，让人驻足观赏，美不胜收。

天女花

天女花【*Oyama sieboldii* (K. Koch) N. H. Xia et C. Y. Wu】隶属木兰科（Magnoliaceae）天女花属（*Oyama*），别名小花木兰、天女木兰。落叶小乔木或灌木。小枝灰褐色，细瘦，幼枝及芽被有灰色伏毛。叶片薄纸质，倒卵形或宽倒卵形。花与叶同时开放，白色，芳香，杯状，盛开时碟状。聚合果熟时红色，倒卵圆形或长圆体形，蓇葖狭椭圆体形；种子心形，外种皮红色，内种皮褐色。花期5—6月，果期8—9月。

天女花系太古第四纪冰川期幸存的珍稀名贵花卉，在我国间断分布于吉林、辽宁两省毗邻的山区和华东及华南某些省的局部山区，是中国东北地区唯一的野生木兰属植物，被列入国家濒危植物名录。山东青岛崂山、潍坊、枣庄、昌邑等地有引种栽培。

天女花叶如翠雕，花似玉琢，具有浓郁的芳香，是珍贵的园林绿化观赏树种。其木材可做家具、农具和雕刻用材。花、叶、茎均含芳香油，可提取高级香料。

青岛市崂山区茶涧庙天女花

种名： 天女花

树龄： 100 年

学名： *Oyama sieboldii* (K. Koch) N. H. Xia et C. Y. Wu

位置信息： 北纬 36.179685 东经 120.605474

科属： 木兰科 Magnoliaceae 天女花属 *Oyama*

此树位于青岛市崂山区王哥庄街道巨峰茶涧庙旧址。树高4.7米，胸径15.5厘米，平均冠幅7.9米。

相传很久以前，一位天女下凡遇难，被善良的花农救下，并结为夫妻。后来因天庭种种阻挠，天女在被迫离开的时候留下了一粒种子。花农种下后，长出了一株花朵秀丽的木兰，便是“天女花”。天女花耐寒不耐热，茶涧庙旧址海拔高度约1000米，气候湿润，土地肥沃，因此天女花才得以在此处安然度过了长达一个世纪的光阴。天女花盛开的时候，犹如天女散花，洁白芬芳，令人心醉神迷。独木繁花，芳香四溢，成为茶涧庙一大亮点，吸引游客前往观瞻。

厚朴

厚朴【*Houpoea officinalis*（Rehd. & E. H. Wilson）N. H. Xia & C. Y. Wu】隶属木兰科（Magnoliaceae）厚朴属（*Houpoea*）。落叶乔木。树皮厚，棕色。小枝粗壮，淡黄色或灰黄色，幼时有绢毛。叶大，近革质，多集生于小枝枝顶呈假轮生状，长圆状倒卵形。花单生于新枝顶，与叶同时开放，白色，芳香。聚合蓇葖果长圆状卵圆形，种子三角状倒卵形，种皮红色。花期5—6月，果期9—10月。

厚朴分布于陕西、甘肃、河南、湖北、湖南、四川、贵州等省份。山东省内济南、青岛、烟台、潍坊、临沂等地，蒙山、昆嵛山有栽培。

厚朴叶大荫浓，花大美丽，可作绿化观赏树种。其木材供建筑、板料、家具、雕刻、乐器、细木工等用。树皮、根皮、花、种子及芽皆可入药，以树皮为主。种子可榨油，可制肥皂及提香精用。

青岛市八大关街道天后宫厚朴

种名： 厚朴

树龄： 100 年

学名： *Houpoea officinalis* (Rehd. & E. H. Wilson) N. H. Xia & C. Y. Wu

位置信息： 北纬 36.061542
东经 120.322222

科属： 木兰科 Magnoliaceae 厚朴属 *Houpoea*

此树位于青岛市市南区八大关街道天后宫院内。树高11.1米，胸径39.1厘米，平均冠幅9.4米，生长旺盛。

日本厚朴

日本厚朴【*Houpoea obovata*（Thunb.）N. H. Xia & C. Y. Wu】隶属木兰科（Magnoliaceae）厚朴属（*Houpoea*）。落叶乔木。树皮淡灰紫色，幼枝紫色，无毛，芽光滑无毛。叶集聚于枝顶，叶纸质，倒卵形，先端短急尖，基部楔形，全缘，上面绿色，下面苍白色，被白色弯曲长柔毛。花单行，乳白色，杯状，直立，香气浓，花被片外轮3片较短，黄绿色，背面染红色，倒卵形或椭圆状倒卵形；雄蕊多数，花丝紫红色。聚合蓇葖果长圆形，熟时鲜红色。种子外种皮鲜红色，内种皮黑色。花期6—7月，果期9—10月。

日本厚朴原产日本北海道。山东青岛中山公园、山东科技大学青岛校区、崂山明霞洞及昌邑等地有引种栽培。

日本厚朴花大，色香兼备，为著名庭园观赏树种。木材轻软，纹理细致，供建筑、家具、乐器、刀鞘材用。树皮药用，药效与厚朴同，但品质不如中国产的厚朴。

青岛市市南区八大关街道日本厚朴

种名： 日本厚朴

树龄： 100 年

学名： *Houpoea obovata* (Thunb.) N. H. Xia & C. Y. Wu

位置信息： 北纬 36.057692 东经 120.346268

科属： 木兰科 Magnoliaceae 厚朴属 *Houpoea*

此树位于青岛市市南区八大关街道韶关路54号甲机关大院内。树高10.6米，胸径43.6厘米，平均冠幅9.6米。

此树种原产于日本北海道，1914年日本第一次侵占青岛后，由日本人引入青岛。

蜡梅

蜡梅【*Chimonanthus praecox*（L.）Link】隶属蜡梅科（Calycanthaceae）蜡梅属（*Chimonanthus*），别名金梅、腊梅。落叶灌木。枝灰褐色，有皮孔及纵条纹，芽长卵圆形。叶纸质至近革质，对生，椭圆状卵形至卵状披针形。花着生于翌年生枝条叶腋内，先花后叶，芳香。果托近木质化，坛状或倒卵状椭圆形，口部收缩。花期1—2月，果期7—8月。

蜡梅分布陕西、河南、安徽、山东、江苏、浙江、福建、江西、湖南、湖北、四川、云南、贵州等省份。山东各地普遍栽培。

蜡梅是优良园林绿化植物，以冬春赏花著名。根、叶、花可药用，花可提取蜡梅浸膏，能治烫伤。

蜡梅花金黄似蜡，迎霜傲雪，岁首冲寒而开，久放不凋，比梅花开得还早。真是轻黄缀雪，冻蕊含霜，香气浓而清，艳而不别。曾有诗赞美："枝横碧玉天然瘦，恋破黄金分外香"。

泰安市泰山王母池蜡梅

种名：蜡梅

树龄：600 年

学名：*Chimonanthus praecox* (L.) Link

位置信息：北纬 36.206705 东经 117.125449

科属：蜡梅科 Calycanthaceae 蜡梅属 *Chimonanthus*

此树位于泰安市泰山区泰前街道泰山景区王母池院内。树高 8.2 米，胸径 30 厘米，平均冠幅 11 米。生长旺盛，树形挺拔，姿态俊美。

据传说是泰山上树龄最老的蜡梅树。已列入世界自然文化遗产名录，是泰山历史文化发展的见证，被誉为泰山的活文物，是不可再生的宝贵资源。

济宁市曲阜市孔府蜡梅

种名： 蜡梅

树龄： 200 年

学名： *Chimonanthus praecox* (L.) Link

位置信息： 北纬 35.596577 东经 116.985484

科属： 蜡梅科 Calycanthaceae 蜡梅属 *Chimonanthus*

此树位于济宁市曲阜市鲁城街道孔府忠恕堂前。树高4米，平均冠幅7.45米，姿态俊美。

此树据说是孔府中树龄最老的蜡梅树，见证了中国近代200年兴衰，也见证了儒家文化的源远流长和博大精深。

樟树

樟树【*Cinnamomum camphora*（L.）Presl】隶属樟科（Lauraceae）樟属（*Cinnamomum*），别名香樟、芳樟。常绿乔木。树皮灰褐色，纵裂。枝条圆柱形，紫褐色，无毛。叶薄革质互生，卵圆形或椭圆状卵圆形，坚纸质，上面光亮，叶柄腹凹背凸，略被微柔毛。圆锥花序在幼枝上腋生或侧生，有时基部具苞叶。花绿白色，花梗丝状，被绢状微柔毛。果球形，绿色，无毛；果托浅杯状。花期4—5月，果期8—11月。

樟树分布于长江流域以南及西南各省。山东济南、青岛、泰安、日照、临沂、济宁、枣庄等地有栽培。

樟树喜光，稍耐荫，耐寒性不强，不耐干旱、瘠薄和盐碱土。有很强的吸烟滞尘、涵养水源、固土防沙和美化环境的能力。樟树为珍贵用材树木，为家具及工艺品用材，各部位均可提制樟脑及樟油，种子可榨油。叶片含单宁，可提取栲胶。可供绿化观赏。

在南方农村，不少地方都有一两棵大樟树，承载着乡愁。在很多地方，甚至会把樟树看作村庄的“保护神”，每逢传统节日就有村民们在树下祈福。唐代诗人白居易曾赞美过樟树：“南馆西轩两树樱，春条长足夏阴。素华朱实今虽尽，碧叶风来别有情”。

临沂市费县费城街道樟树

种名：樟 树龄：100 年

学名：*Cinnamomum camphora* (L.) Presl

科属：樟科 Lauraceae 樟属 *Cinnamomum*

位置信息：北纬 35.254022 东经 117.985713
北纬 35.253944 东经 117.985454

在临沂市费县费城街道博文中学内，由敬老院移植过来3株樟树，现存2株。其中一株树高5米，胸径33厘米，平均冠幅4米。另一株树高5米，胸径45厘米，平均冠幅4.1米。

一球悬铃木

一球悬铃木（*Platanus occidentalis* L.）隶属悬铃木科（Platanaceae）悬铃木属（*Platanus*），别名美国梧桐。落叶乔木。树皮灰褐色，片状剥落，嫩枝有黄褐色绒毛被。叶片阔卵形，基部截形，阔心形，或稍呈楔形，裂片短三角形，边缘有数个粗大锯齿；掌状脉，叶柄密被绒毛；托叶较大。花单性，聚成圆球形头状花序。头状果序圆球形，单生。花期5月上旬，果期9—10月。

一球悬铃木原分布北美洲，中国北部及中部已广泛被引种栽培。山东各地普遍栽培。

一球悬铃木适应性强，是优良的行道树种，广泛应用于城市绿化。

青岛市市南区中国海洋大学一球悬铃木

种名： 一球悬铃木

树龄： 114 年

学名： *Platanus occidentalis* L.

位置信息： 北纬 36.062121 东经 120.331596

科属： 悬铃木科 Platanaceae 悬铃木属 *Platanus*

此树位于青岛市市南区八大关街道中国海洋大学鱼山校区逸夫科技馆前。树高17.5米，胸径120厘米，平均冠幅22米。生长良好。

二球悬铃木

二球悬铃木（*Platanus* × *acerifolia*（Ait.）Willd.）隶属悬铃木科（Platanaceae）悬铃木属（*Platanus*），别名英国梧桐。落叶乔木。树皮灰绿色、灰白色或黄褐色，不规则片状剥落，剥落后呈粉绿色，光滑。嫩枝密生灰黄色绒毛，老枝秃净，红褐色。叶阔卵形，中央裂片阔三角形，宽度与长度约相等。花通常4数。果枝有头状果序常下垂。花期5月初，果熟期9—10月。

二球悬铃木原产英国伦敦。中国东北、北京以南各地均有栽培，尤以长江中、下游各城市为多见，在新疆北部伊犁河谷地带亦可生长。山东各地普遍栽培。

二球悬铃木生长迅速、株型美观、适应性较强，是世界著名的城市绿化树种、优良庭荫树和行道树，有“行道树之王”之称。早季修剪鲜叶可作为粗饲料，提取叶蛋白，枯落叶可烧制灰肥。

17世纪，在英国牛津，人们用一球悬铃木（又叫美国梧桐）和三球悬铃木（又叫法国梧桐）作亲本，杂交成二球悬铃木，取名“英国梧桐”。

青岛市市南区中国海洋大学二球悬铃木

种名： 二球悬铃木

树龄： 110年

学名： *Platanus* × *acerifolia* (Ait.) Willd.

位置信息： 北纬36.061648 东经120.331056

科属： 悬铃木科 Platanaceae 悬铃木属 *Platanus*

此树位于青岛市市南区八大关街道中国海洋大学鱼山校区敏行馆B楼与风味餐厅中间斜坡下。树高24.1米，胸径79.6厘米，平均冠幅19.2米。

此树作为道路绿化树种已100多年，是国内最早引进的树种。它见证了青岛百年历史和发展。目前，此树依然生长旺盛，枝繁叶茂。

糙叶树

糙叶树【*Aphananthe aspera*（Thunb.）Planch.】隶属榆科（Ulmaceae）糙叶树属（*Aphananthe*），别称牛筋树、粗叶树。落叶乔木。树皮灰褐色，平滑。单叶，互生，叶卵形，托叶条形，有白色伏毛。春季开淡绿色小花，花单性；种子无胚乳，子叶细长；核果近球形，紫黑色。花期3—5月，果期8—10月。

糙叶树分布于山西、山东、江苏、安徽、浙江、江西、福建、台湾、湖南、湖北、广东、广西、四川东南部、贵州和云南东南部。山东青岛、泰安有栽培。崂山太清宫有一株糙叶树古树，称为“龙头榆”，相传为唐代所植。

糙叶树树冠广展，苍劲挺拔，枝叶茂密，浓荫盖地，是良好的四旁绿化树种。其木材坚硬细密，不易拆裂，可供制家具、农具和建筑用。茎枝皮可制纤维、绳索用，叶做农药、饲料。糙叶树的根皮、树皮可入药。

青岛市崂山区太清宫唐“龙头榆”

种名：糙叶树

树龄：1100 年

学名：*Aphananthe aspera* (Thunb.) Planch.

位置信息：北纬 36.139979 东经 120.671447

科属：榆科 Ulmaceae 糙叶树属 *Aphananthe*

此树位于青岛市崂山区王哥庄街道太清宫三官殿西逢仙桥旁，形态奇特，为崂山珍贵名树。树高17米，胸径130.6厘米，平均冠幅24.3米。

此树是唐代道长李哲玄修建“三皇庵”（后称太清宫）时亲手栽植的，所以称为“唐榆”。唐榆主干虬曲，结节突出，形状近似龙头，故又称为“龙头榆”。其树干斜卧，宛如苍龙翘首。枝叶繁茂，荫地亩许，为榆科树木中的“老寿星”。“龙头榆”近旁有一巨石，刻有“逢仙桥”三个大字，记录了被宋太祖赵匡胤赐封为“华盖真人”的崂山道长刘若拙的一段传说。传说一个大雪过后的除夕之晨，刘若拙在这棵树下遇一老人，打招呼后擦肩而过，真人忽然起念：“深山野岭何来老人？”回头欲问，已渺无踪影，只见树下雪中留有两只脚印，方悟老人乃老榆成仙显化。

紫弹树

紫弹树（*Celtis biondii* Pamp.）隶属榆科（Ulmaceae）朴属（*Celtis*）。落叶小乔木至乔木。树皮暗灰色。当年生小枝密被短柔毛，后渐脱落，至结果时为褐色，有散生皮孔。叶薄革质，宽卵形、卵形至卵状椭圆形，边稍反卷，上面脉纹多下陷。核果近球形，幼时无毛，熟时无毛，果核近圆形，果梗被糙毛。花期3—4月，果期9—10月。

紫弹树分布于陕西、甘肃、河南、安徽、江苏、浙江、台湾、福建、广东、广西、四川、云南、贵州等省份。山东泰安、潍坊、枣庄等地栽培。

紫弹树树冠圆满宽广，树荫浓郁，可用于道路绿化，景观绿化。叶、根皮、枝等可入药。

枣庄市滕州市张汪镇紫弹树

种名：紫弹树

树龄：410 年

学名：*Celtis biondii* Pamp.

位置信息：北纬 34.854311 东经 117.185304

科属：榆科 Ulmaceae 朴属 *Celtis*

此树位于枣庄市滕州市张汪镇渊子涯村村东北角田间。树高 19 米，胸径 114.6 厘米，平均冠幅 21.5 米。

紫弹树分布于我国的西北和南方地区，山东境内少有分布。《滕县志》记载：夏禹之时，奚仲发明了两轮马车，拜为车服大夫，封为薛侯。渊子涯村在夏商周春秋时属薛国，薛国遗址在村北十里，现还存有老城墙遗址。当地有谚语：“扒了薛城里，盖起兖州府。”

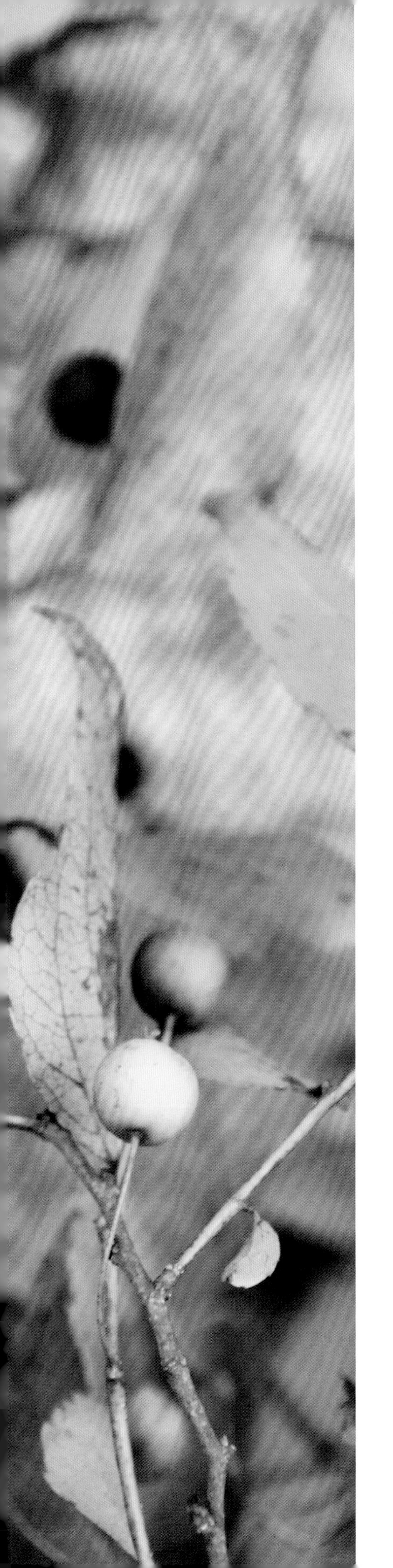

小叶朴

小叶朴（*Celtis bungeana* Bl.）隶属榆科（Ulmaceae）朴属（*Celtis*），别名黑弹树。落叶乔木。树皮灰色或暗灰色，平滑。当年生小枝无毛，淡棕色，散生椭圆形皮孔，去年生小枝灰褐色。单叶，互生，叶厚纸质，狭卵形、长圆形、卵状椭圆形至卵形。核果通常单生于叶腋，近球形，蓝黑色；花果核白色，近球形，肋不明显；果梗无毛。花期3—4月，果期10月。

小叶朴分布于我国辽宁、河北、山东、山西、内蒙古、甘肃、宁夏、青海、陕西、河南、安徽、江苏、浙江、湖南、江西、湖北、四川、云南、西藏等省份。山东内主要分布于各山区丘陵。

小叶朴树形美观，树冠圆满宽广，绿荫浓郁，是城乡绿化的良好树种。其木材坚硬，可供家具、农具及建筑等用。茎皮为造纸和人造棉原料，果实榨油作润滑油，树皮、根皮入药，治腰痛等病。

日照市五莲县户部乡“东坡手植小叶朴”

种名： 小叶朴

树龄： 900 年

学名： *Celtis bungeana* Bl.

位置信息： 北纬 35.759724 东经 119.463158

科属： 榆科 Ulmaceae 朴属 *Celtis*

此树位于日照市五莲县户部乡井家沟村村东。树高20米，胸径116厘米，平均冠幅21.2米，生长良好。

井家沟村此树位于山东五莲山西北角，北宋大文豪苏东坡被贬密州任太守时，曾来五莲山游玩，称赞五莲山“奇秀不减雁荡”，传世名作《江城子·密州出猎》也诞生于此。传说，此树为苏东坡任太守时栽种。

日照市五莲县户部乡“刘墉读书”小叶朴

种名： 小叶朴

树龄： 600 年

学名： *Celtis bungeana* Bl.

位置信息： 北纬 35.784821 东经 119.475886

科属： 榆科 Ulmaceae 朴属 *Celtis*

此树位于日照市五莲县户部乡杨家峪村村东。树高16米，胸径85厘米，平均冠幅15米。

相传刘墉幼年曾在此读书。刘墉是诸城逄戈庄（今属高密市）人，然从其曾祖始，便将九仙山北麓的槎河山庄（原属诸城，今属五莲县户部乡）作为子孙读书之所，并成为世代居住之地。据其《槎河山庄诗并序》称：“东坡诗中九仙山有二，其云在东武奇秀不减雁宕者，余家实依其麓。曾大父西溪农部之别墅也，以付大父青岑方伯，亦为别业。传至第二伯父家焉。草堂有二，斋庐倍之。楼为内室三，先文正公尝读书其中之锦秋亭。逮后兄弟七人析而居之”。此树被人们视为当年槎河山庄珍贵遗存。因其根部奇特，部分裸露在外，粗处似树桩，细处似人肢臂，盘根错节。表层如百般摔折后长出的疙瘩，如同人体上的疤麻，古当地人称之“疤麻树”。至今生长茂盛，既见证着当年山庄的兴衰，又寓意刘氏家风树大根深，源远流长。

青岛市城阳区百福庵小叶朴

种名： 小叶朴

学名： *Celtis bungeana* Bl.

科属： 榆科 Ulmaceae 朴属 *Celtis*

树龄： 374 年

位置信息： 北纬 36.313839 东经 120.528684

此树位青岛市城阳区惜福街道百福庵西门外。树高12.5米，胸径59厘米，平均冠幅15.3米，为三级保护古树。

明崇祯十七年（公元1644年）三月十九，明都北京被李自成攻破，崇祯皇帝的两个爱妃（养艳姬、蔺婉如）在太监蔺卿保护下，化装成乞丐，携带金银珠宝逃到了现崂山区王哥庄的修真庵，出家为道。两位皇妃博学多才，擅长诗词音律。因修真庵属内山派庙宇，禁吹奏乐器，而百福庵香火兴盛，笙乐长鸣，是外山派道庵。受蒋清山邀请，她俩到百福庵挂单修炼，研究器乐曲谱及发展崂山道乐。清顺治三年（公元1646年），两人同蔺卿一同回京祭奠皇灵，得知崇祯皇帝在煤山自缢之后，十分悲痛，遂返回百福庵，途中带回一些黑弹树苗植于百福庵园圃。

大叶朴

大叶朴（*Celtis koraiensis* Nakai）隶属榆科（Ulmaceae）朴属（*Celtis*）。落叶乔木。树皮灰色或暗灰色，当年生小枝褐色至深褐色。单叶互生，叶椭圆形至倒卵状椭圆形，先端具尾状长尖，边缘具粗锯齿。核果单生于叶腋，球形，熟时橙黄色至深褐色；果核球状椭圆形，灰褐色，表面有明显网孔状凹陷，果梗长1.5~2.5厘米。花期4—5月，果期9—10月。

大叶朴主要分布于辽宁、河北、陕西、甘肃、河南、安徽、江苏等省份。山东主要分布于各山区丘陵。

大叶朴为绿化观赏树种。其木材可作建筑、家具等用。全株均可入药，也是造纸和人造棉等纤维编织植物的原料。

泰安市岱岳区徂徕镇大叶朴

种名： 大叶朴

树龄： 300 年

学名： *Celtis koraiensis* Nakai

位置信息： 北纬 36.057108 东经 117.284138

科属： 榆科 Ulmaceae 朴属 *Celtis*

此树位于泰安市岱岳区徂徕镇徂徕林区中军帐。树高13.8米，胸径42厘米，平均冠幅10米。

此树位于林区，叶片翠绿，树皮暗灰色，微裂。树体高大，树干通直，生长旺盛，枝繁叶茂。

朴树

朴树（*Celtis sinensis* Pers.）隶属榆科（Ulmaceae）朴属（*Celtis*）。落叶乔木。树皮灰色，平滑。一年生枝密生短毛，后渐脱落；冬芽棕色，鳞片五毛。单叶，互生；叶片厚纸质至近革质，多为卵形或卵状椭圆形，上面无毛。花萼片4，有毛雄蕊4，柱头2。核果单生或2个并生，近球形，网孔状凹陷，果梗与叶柄近等长。花期4月，果期9—10月。

朴树分布于河南、江苏、安徽、浙江、福建、江西、湖南、湖北、四川、贵州、广西、广东、台湾等省份。山东各山区丘陵有分布。

朴树用途广泛，适应性强，抗性强，是重要的园林绿化树种。其木材坚硬，可供工业用材，茎皮纤维，为造纸和人造棉原料，果实榨油作润滑油，根、皮、叶均可入药。

据有关考证，《山海经·海内经》："建木，百仞无枝，有九欘，下有九枸，其实如麻，其叶如芒，大暤爰过，黄帝所为。"其中"建木"就可能是朴树。古典园林设计中"前榉后朴"，此处"朴"也是朴树，出自"前举后仆"，是指古代中举的人走在前面，后面有仆人跟随，谐意金榜题名、连连高中。

青岛市崂山区太清宫朴树

种名： 朴树

树龄： 810 年

学名： *Celtis sinensis* Pers.

位置信息： 北纬 36.137821 东经 120.671166

科属： 榆科 Ulmaceae 朴属 *Celtis*

此树位于青岛市崂山区太清宫。树高6.3米，胸径136厘米，平均冠幅7.1米。

太清宫“峰抱三方列，潮迎一面来”，此树位于崂山南麓，太清湾北岸宝珠山之老君峰下。三面环山，大海当前，局势之雄，当推崂山第一。金泰和八年（公元1208年），邱处机到崂山，在太清宫谈玄传道，名声大噪。朴树为当时种植，为太清宫中最大的一株朴树。

威海市荣成市宁津街道“根抱石”朴树

种名：朴树

树龄：720 年

学名：*Celtis sinensis* Pers.

位置信息：北纬 37.175493 东经 122.439065

科属：榆科 Ulmaceae 朴属 *Celtis*

此树位于威海市荣成市宁津街道东苏家村西。树高6米，胸径145厘米，平均冠幅11.7米。树野生在石缝中，随着树长根粗，将一巨石纵劈为两块，相距1.5米，像两座4个山头的小山，2米多长裸露的大树根从两石间底部穿过，形成“根抱石”的奇特造型。

虽历经沧桑，千百年来数经风雨雷电袭击，仍根深干壮，刚强不阿、蓬勃葱郁。树南同根生出第二代朴树，葱郁茂盛，与古树依偎共荣，形同母子。此树形态国内外罕见，被当地人尊为“神树”，流传“绕着古树走三圈，福禄寿喜自然来”的美好传说，当地百姓经常到此祈求长辈健康长寿、后代健康成长，寄托了人们的美好愿望。

青檀

青檀（*Pteroceltis tatarinowii* Maxim.）隶属榆科（Ulmaceae）青檀属（*Pteroceltis*），别名翼朴。落叶乔木。树皮灰色或深灰色，片状剥落，内皮绿色。小枝褐色，初有毛，后光滑。单叶，互生，叶纸质，叶片卵形或椭圆状卵形，边缘有不整齐锯齿。翅果状坚果近圆形或近四方形，果实外面无毛或被曲柔毛，果梗纤细，长1~2厘米，被短柔毛。花期4月，果期7—8月。

青檀分布广泛，辽宁（大连蛇岛）以南，青海以东，南到广东、广西、贵州等地均有分布。山东分布于枣庄、济南、泰安等地，各地常见栽培。

青檀为珍稀乡土树种。树冠球形，树形美观，千年古树蟠龙穹枝，形态各异，秋叶金黄，季相分明，极具观赏价值，是优良园林景观树种。其木材坚硬细致，可供作农具、车轴、家具和建筑用的上等木料。树皮纤维为制宣纸的主要原料，种子可榨油。

据传，东汉建光元年（公元121年）造纸家蔡伦死后，弟子孔丹想造出一种世上最好的纸，为师傅画像修谱，以表怀念之情。但年复一年难以如愿。一天，孔丹偶见一棵古老的青檀树倒在溪边。由于日晒水洗，树皮已腐烂变白，露出缕缕修长洁净的纤维，遂取之造纸，经过反复试验，终于造出一种质地绝妙的纸来，这便是后来有名的宣纸。有一种宣纸中名叫“四尺丹”，就是为了纪念孔丹。

济宁市嘉祥县青山寺“蛟龙腾云”青檀

种名： 青檀

树龄： 1800 年

学名： *Pteroceltis tatarinowii* Maxim.

位置信息： 北纬 35.330246 东经 116.304053

科属： 榆科 Ulmaceae 青檀属 *Pteroceltis*

此树位于济宁市嘉祥县纸坊镇青山村青山寺院外北侧。树高13.2米，胸径90厘米，平均冠幅11.5米。

掩映于青山西麓长松翠柏中的千年古刹青山寺，是周武王所封诸侯国君王的神庙，古称“焦王祠”，别称“青山寺”。惠济公庙原名焦王祠，据旧县志记载：“武王克商，封神农之后于焦，世称焦王。”《重修惠济公庙碑记》记载：“庙左有汉建宁元年（公元168年）碑，碑毁无考，右立晋永安，颂文字剥落难辨……”该青檀为重修后，魏晋南北朝年间种植，此树分叉枝已枯死，似一根粗大的拐杖，立坐在石头上“老人”身旁。

济南市长清区万德镇檀园“千岁檀”

种名： 青檀

树龄： 1000 年

学名： *Pteroceltis tatarinowii* Maxim.

位置信息： 北纬 36.361438 东经 116.976906
北纬 36.361384 东经 116.976885

科属： 榆科 Ulmaceae 青檀属 *Pteroceltis*

在济南市长清区万德镇灵岩寺景区檀园宾馆内院，有两株“千岁檀”。一株树高10米，胸径85.4厘米，平均冠幅为13.9米；另一株树高11.4米，胸径83.7厘米，平均冠幅13.9米。

青檀树在石缝中生存，靠着有限的营养，用自己的根系撑开石缝，扩大生存空间。它有着咬定青山，攀崖而生，风吹日晒不改容颜，电击雷轰愈加峥嵘，霜摧雪压依然葱郁的精神。相传，西晋文学家潘岳，仰慕青檀的欣欣向荣、千姿百态，觉得自己这个美男子赶不上檀树，遂给自己取号为“檀奴”，羡慕潘岳美貌的丽人们，则把他称作“檀郎”。《山东树木志》称这两棵树为“千岁檀”，因两树并列生长，别名“鸳鸯檀”，此树列入世界自然遗产名录。

济南市长清区万德镇“檀抱泉”青檀

种名： 青檀

树龄： 1000 年

学名： *Pteroceltis tatarinowii* Maxim.

位置信息： 北纬 36.351263 东经 116.960795

科属： 榆科 Ulmaceae 青檀属 *Pteroceltis*

此树位于济南市长清区万德镇灵岩村。树高14.5米，胸径110.8厘米，平均冠幅20.2米。长势旺盛，树干树枝和树根白色，粗大似坚硬铁石。树根裸露地面部分超过0.5米，像巨大的高粱根，粗壮的根脉鹰爪一般紧紧抓着黄白的砌石，给人以自信和力量。青檀树前立着“古檀方塘”方碑，青檀下方是3立方米的泉池，该泉称“檀抱泉”，为济南七十二名泉之一。

关于檀抱泉有一个美丽的传说，相传是2000年以前东海龙王看好这个风水宝地，赐给当地两件宝贝，一颗龙珠和一枝海桐花，在龙珠落地的地方变成了现在的龙泉，而海桐花则变成了泉眼上方的青檀树，护着终年不息的泉水，也吸吮着泉水的甘汁。古檀龙井，成“一派水声流不尽，四周山势欲飞来”之幽绝。

济宁市嘉祥县青山寺“柪榆抱碑”青檀

种名：青檀

树龄：800 年

学名：*Pteroceltis tatarinowii* Maxim.

位置信息：北纬 35.329918 东经 116.304244

科属：榆科 Ulmaceae 青檀属 *Pteroceltis*

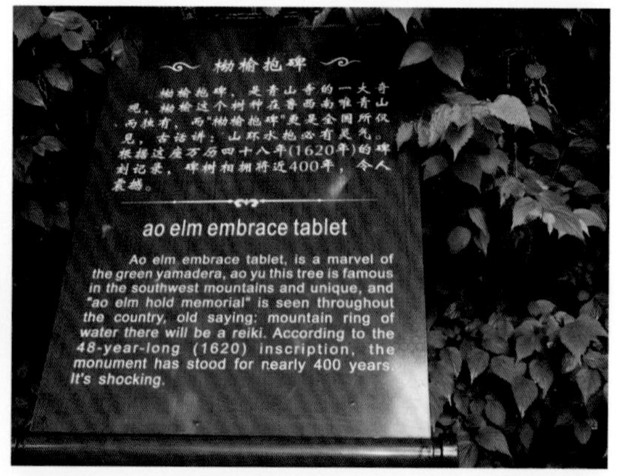

此树位于济宁市嘉祥县纸坊镇青山村青山寺惠济公殿前院内，玉液池旁有一处独特奇观——“柪榆抱碑”，古树为青檀。树高13.6米，胸径128厘米，平均冠幅10.8米。

青檀缠绕一座明万历年间的记事碑而生，青檀在当地被称成为柪榆，所以此景观又称“柪榆抱碑”。据这座明万历四十八年（公元1620年）的碑刻记载，相拥相偎了将近600年，碑身嵌入树体0.43米，树干开裂1.4米处又生一幼树，基径30厘米、胸径16厘米，树拥子又抱碑，成为青山寺一大奇观。它们紧紧相拥。此古老而奇特的吉树寓意着吉祥平安，树上挂满红丝带，承载着芸芸众生的祈福之心愿。

榆

榆（*Ulmus pumila* L.）隶属榆科（Ulmaceae）榆属（*Ulmus*），别名白榆、家榆、榆树。落叶乔木。幼树树皮平滑，纵裂。小枝灰白色，细柔，初有毛。单叶，互生，叶椭圆状卵形、长卵形或卵状披针形，叶面平滑无毛，边缘具重锯齿或单锯齿。花先叶开放，在去年生枝的叶腋成簇生状。翅果近圆形，稀倒卵状圆形，果核部分此树位于翅果的中部，果柄短，长2~4毫米。花期3月，果期4—5月。

榆树分布于东北、华北、西北及西南各省份。长江下游各省有栽培，为华北及淮北平原农村的常见树木。山东普遍栽培。在新疆、内蒙古等地分布有300~500年左右的古榆树群，新疆乌鲁木齐市一株古榆树，胸径达2.5米，高20米，树龄600余年。山东榆树古树50株，分布于济南、枣庄、烟台、潍坊、泰安、济宁、日照、临沂、德州、聊城、菏泽等地。

榆树是我国北方五大阔叶造林树种之一，具有良好的耐旱、耐寒、耐盐碱和抗风能力，是我国北方广大平原、干旱草原、滨海盐碱地、沙荒地营造用材林和防护林的重要树种。其木材坚韧，耐朽，供家具、车辆、农具、器具、桥梁、建筑等用。枝皮纤维坚韧，可代麻制绳索、麻袋或造纸原料，叶可作饲料，嫩果（“榆钱”）可食，树皮、叶及翅果均可药用。

榆树自古象征希望、坚韧，为田园文化与边塞文化的代表，大量出现在诗词歌赋中。以榆树为地名不乏其例，如吉林省榆树市、秦皇岛榆关镇等，自始皇蒙恬时起，北方边塞植榆，故称边塞为“榆塞”。

临沂市费县朱田镇榆树

种名： 榆树

学名： *Ulmus pumila* L.

科属： 榆科 Ulmaceae 榆属 *Ulmus*

树龄： 320 年

位置信息： 北纬 35.256360 东经 117.715852

此树位于临沂市费县朱田镇西北哨刘家围子村刘学森家内。树高13米，胸径90.8厘米，平均冠幅19米。

相传清康熙年间，在此地设置哨所，故此得名西北哨。榆树为康熙年间种植，长势旺盛，为个人所有。

德州市齐河县表白寺镇榆树

种名： 榆树

树龄： 300 年

学名： *Ulmus pumila* L.

位置信息： 北纬 36.862586 东经 116.872971

科属： 榆科 Ulmaceae 榆属 *Ulmus*

此树位于德州市齐河县表白寺镇小董村。树高 10.6 米，胸径 65.6 厘米，平均冠幅 15 米。

据史书记载，该村成村于明代，因为村民系由大董村离析而出，所以称小董村。榆树为清康熙年间村民种植，长势旺盛，为个人所有。

榉树

榉树【*Zelkova serrata*（Thunb.）Makino】隶属榆科（Ulmaceae）榉属（*Zelkova*），别名光叶榉。落叶乔木。树皮暗灰色，呈不规则的片状剥落。小枝褐色，初有柔毛，后光滑无毛。单叶，互生，叶薄纸质至厚纸质，卵形、椭圆形或卵状披针形，基部圆形或浅心形，稀宽楔形。雄花具短梗，雌花近无梗。核果斜卵状圆锥形，具背腹脊，被柔毛，据宿存萼片。花期4月，果期9—10月。

榉树分布于辽宁、陕西、甘肃、河南、江苏、安徽、浙江、湖北、湖南、江西、福建、广东和台湾等省份。山东各地广泛栽培。

榉树是珍贵树种，具有用材、景观、生态、文化等多种价值，其树姿端庄，高大雄伟，秋叶变成褐红色，是优良观赏树种。其木材纹理细，质坚，能耐水，供建筑、家具等用。

榉树，因其“榉”和“举”谐音，而我国古代科考有举人、举子之名。民间在宅旁种植榉树，有前榉（举）后朴（仆）之种植习别，寓喻主人“高榜中举”，后有“仆人相随”之意。借以激励子女勤奋读书，求取功名。相传，以前，天门山有一秀才人家，秀才屡试屡挫，妻子恐其沉沦，与其约赌，在家门口石头上种榉树，有志者事竟成。果不其然，榉树竟和石头长在了一起，秀才最终也中举归来。因“硬石种榉”与“应试中举”谐音，故木石奇缘又含着祥瑞之征兆。

泰安市东平县老湖镇榉树

种名： 榉树

树龄： 500 年

学名： *Zelkova serrata* (Thunb.) Makino

位置信息： 北纬 36.019289 东经 116.292692

科属： 榆科 Ulmaceae 榉属 *Zelkova*

此树位于泰安市东平县旧县乡老湖镇梁林村黄石悬崖风景区瀑布蓄水池北侧。树高13米，胸径43厘米，平均冠幅9.3米。

明成化年间梁姓建村，因村西有北宋父子状元梁颢、梁固墓葬，故取名为“梁家林村”。梁林村有“皇林”“宝泉”“佳山水”之美誉，其文化与自然并重，村内有省级文物保护单位——梁氏墓群，还有被誉为“东平古八景”之一的黄石悬崖。据考证，榉树为明孝宗时期种植。

青岛市市南区中国海洋大学榉树

种名：榉树

树龄：122 年

学名：*Zelkova serrata* (Thunb.) Makino

位置信息：北纬 36.065205 东经 120.331467

科属：榆科 Ulmaceae 榉属 *Zelkova*

此树位于青岛市市南区八大关街道中国海洋大学海大海洋馆前。树高 18 米，胸径 89.1 厘米，平均冠幅 13.7 米。

构树

构树【*Broussonetia papyrifera* (L.) L'Heritier ex Vent.】隶属桑科（Moraceae）构属（*Broussonetia*），别名楮树。落叶乔木。树皮暗灰色，小枝密生柔毛。叶螺旋状排列，广卵形至长椭圆状卵形，先端渐尖，基部心形，两侧常不相等，边缘具粗锯齿，不分裂或3~5裂，表面粗糙，疏生糙毛，背面密被绒毛，基生叶脉三出，叶柄密被糙毛，托叶大，卵形，狭渐尖。花雌雄异株，雄花序为柔荑花序，雌花序球形头状。聚花果成熟时橙红色，肉质。瘦果外果皮壳质。花期4—5月，果期6—7月。

构树在中国南北各地均有分布。山东多为野生零散分布。

构树是强阳性树种，适应性强，抗逆性强，可用作城乡绿化树种。其叶是很好的饲料，韧皮纤维是造纸的高级原料，根和种子均可入药。

历史上对构树早有记载，构树原名楮，亦名榖，原植物楮，即构树。《山海经·西山经》："鸟危之山其阳多磬石，其阴多植楮。"《诗经·小雅·鹤鸣》曰："乐彼之园，爰有树檀，其下维榖。它山之石，可以攻玉。"构树皮自古以来就是著名的造纸原料，古时所称楮纸就是今天的宣纸，《天工开物》提到"用楮树皮与桑穰、芙蓉膜等诸物"，制造上等的"皮纸"。

济南市历下区趵突泉街道构树

种名： 构树

树龄： 220 年

学名： *Broussonetia papyrifera* (L.) L'Heritier ex Vent.

位置信息： 北纬 117.015306 东经 36.637006

科属： 桑科 Moraceae 构属 *Broussonetia*

此树位于济南市历下区趵突泉街道办事处南郊宾馆三号楼东南。树高 15.1 米，胸径 85.9 厘米，平均冠幅 12 米。

济南市历城区山东大学中心校区构树

种名： 构树

树龄： 110 年

学名： *Broussonetia papyrifera* (L.) L'Heritier ex Vent.

位置信息： 北纬 36.677883 东经 117.051886

科属： 桑科 Moraceae 构属 *Broussonetia*

此树位于济南市历城区山大路街道山东大学中心校区。树高5.7米，胸径75.4厘米，平均冠幅6米。

柘树

柘树（*Maclure tricuspidata* Carr.）隶属桑科（Moraceae）柘属（*Maclure*），别名柘刺、柘桑。落叶灌木或小乔木。树皮灰褐色，不规则片状剥落，小枝暗绿褐色，光滑无毛，略具棱，有棘刺。单叶，互生，叶片近革质，叶缘全缘或上部2~3裂，叶卵形或菱状卵形，偶为三裂；叶柄被微柔毛。花单性，雌雄异株，雌雄花序均为球形头状花序，单一或成对腋生，具短总花梗，花萼片4。聚花果近球形，肉质，成熟时橘红色。花期5—6月，果期9—10月。

柘树分布于华南、西南、华北（除内蒙古外）各省，山东各山地丘陵均有分布。

柘树叶秀果丽，为良好的庭荫树或绿篱树种，适生性强。木材可作为家具及细工用材，茎皮纤维可以造纸。根皮药用，果可生食或酿酒。

济宁市邹城市北宿镇柘树

种名： 柘树

树龄： 1000 年

学名： *Maclure tricuspidata* Carr.

位置信息： 北纬 35.334125 东经 116.878352

科属： 桑科 Moraceae 柘属 *Maclure*

此树位于济宁市邹城市北宿镇南落陵村内。树高 14 米，胸径 82.8 厘米，平均冠幅 10.9 米。

传说北宋徽宗年间，大北村南有一条东西走向的河，名老赵河，当时梁山好汉孙二娘在河南开店，但河南没设住处，来往客人只能在河南吃饭，河北投宿，故取名北宿。据考证，柘树为北宋真宗年间种植。

烟台市招远市张星镇柘树

种名： 柘树

学名： *Maclure tricuspidata* Carr.

科属： 桑科 Moraceae 柘属 *Maclure*

树龄： 650 年

位置信息： 北纬 37.496654 东经 120.300703

此树位于烟台市招远市张星镇北石家村村西石氏先祖陵园东侧。树高6米，胸径80厘米，平均冠幅7.2米。

鲁桑

鲁桑【*Morus alba* L. var. *multicaulis* (Perrott.)Loud. 】隶属桑科（Moraceae）桑属（*Morus*），别称大叶桑。乔木或为灌木。鲁桑是桑树的一个变种，为我国蚕区的主要栽培桑种，肉厚多汁，为家蚕的良好饲料。本变种主要特点：枝态直立，枝条粗壮，节间短，叶大、质厚、多汁。花期4—5月，果期5—8月。

鲁桑在江苏、浙江、四川及陕西等省份均有栽培。山东各地普遍栽培。

桑适应性强。树冠宽阔，树叶茂密，秋季叶色变黄，颇为美观，为良好的绿化及经济树种。其木材坚硬，可制家具、乐器、雕刻等。枝条可编箩筐，桑皮可作造纸原料，桑椹可供食用、酿酒，叶为桑蚕饲料，叶、果和根皮可入药。

中国古代人民有在房前屋后栽种桑树和梓树的传统，因此常把“桑梓”代表故土、家乡。北魏贾思勰《齐民要术·种桑柘》，谚曰：“鲁桑百，丰锦帛”。言其桑好，功省用多。

济宁市汶上县康驿镇鲁桑

种名：鲁桑

学名：*Morus alba* L. var. *multicaulis* (Perrott.) Loud.

科属：桑科 Moraceae 桑属 *Morus*

树龄：1000 年

位置信息：北纬 35.587069 东经 116.589293

此树位于济宁市汶上县康驿镇东唐阳村东南角法桐林中。树高12.5米，胸径90厘米，平均冠幅18.2米。据考证，此树为北宋真宗年间种植。

德州市夏津县苏留庄镇前屯鲁桑

种名：鲁桑

树龄：1200 年

学名：*Morus alba* L. var. *multicaulis* (Perrott.) Loud.

位置信息：北纬 37.026978 东经 116.102986

科属：桑科 Moraceae 桑属 *Morus*

此树位于德州市夏津县苏留庄镇前屯椹树园内。树高 10.4 米，胸径 114.7 厘米，平均冠幅 14.5 米。

古桑椹树园内高龄古树之一，它承载着不朽的历史，虽经历了千年历史的风雨沧桑，但枝干的新枝则展现着它坚韧的生命力，树形环抱同归于一个树根宛如如来的手掌，象征着“福、禄、寿、喜、财”五福临门，带来平安健康的好福气。

德州市夏津县苏留庄镇西阎庙鲁桑

种名：鲁桑

树龄：500 年

学名：*Morus alba* L. var. *multicaulis* (Perrott.) Loud.

位置信息：北纬 37.007046 东经 116.089115

科属：桑科 Moraceae 桑属 *Morus*

此树位于德州市夏津县苏留庄镇西阎庙椹树园内。树高 11 米，胸径 50 厘米，平均冠幅 15.3 米。

此树造型奇特，有南北两个大的分枝，南侧分枝胸径为 54.1 厘米，北侧分枝胸径为 44.6 厘米，好似两人环抱，故别名“夫妻树”。传说此“夫妻树”是七仙女与董永爱情的化身，他们拉在一起的手臂化为两个树间的连理枝，他们根相连，枝相通，叶相依，当风雨来临时更是相依相偎，这棵树是爱情永远的见证。

蒙桑

蒙桑【*Morus mongolica*（Bur.）Schneid.】隶属桑科（Moraceae）桑属（*Morus*），别名崖桑、山桑。小乔木或灌木。树皮灰褐色，老时不规则纵裂。小枝灰褐色至红褐色，光滑无毛，幼时有白粉。老枝灰黑色，冬芽卵圆形，灰褐色。单叶，互生，叶长椭圆状卵形，先端尾尖，基部心形，边缘具三角形单锯齿，齿尖有长刺芒，两面无毛。雄花花被暗黄色，雌花序短圆柱状。聚花果卵形或圆柱形，成熟时红色至紫黑色。花期4—5月，果期5—6月。

蒙桑分布于黑龙江、吉林、辽宁、内蒙古、新疆、青海、河北、山西、河南、山东、陕西、安徽、江苏、湖北、四川、贵州、云南等省份。山东各主要山地有分布，济南、淄博等地栽培。

蒙桑茎皮纤维造高级纸，脱胶后作混纺和单纺原料，根皮入药，果实可酿酒。

淄博市博山区原山林场蒙桑

种名：蒙桑

树龄：100 年

学名：*Morus mongolica* (Bur.) Schneid.

位置信息：北纬 36.428758 东经 117.867596

科属：桑科 Moraceae 桑属 *Morus*

此树位于淄博市博山区原山林场石炭坞营林区老猫窝。树高10.5米，胸径76.4厘米，平均冠幅9.9米。

化香树

化香树（*Platycarya strobilacea* Sieb. et Zucc.）隶属胡桃科（Juglandaceae）化香树属（*Platycarya*），别名花香木。落叶小乔木。树皮灰色，老时则不规则纵裂。二年生枝条暗褐色，具细小皮孔。奇数羽状复叶，互生，小叶纸质，对生。花单性，雌雄同株；两性花序和雄花序在小枝顶端排列成伞房状花序束，直立。果序球果状，卵状椭圆形至长椭圆状圆柱形。坚果，压扁，两侧具狭翅。种子卵形，种皮黄褐色，膜质。花期5—6月，果期9—10月。

化香树分布于甘肃、陕西和河南的南部及山东、安徽、江苏、浙江、江西、福建、台湾、广东、广西、湖南、湖北、四川、贵州和云南等省份。山东黄岛、郯城、五莲、诸城等地有分布。

化香树适应性强，可作荒坡绿化树种。穗状花序，果序呈球果状，直立枝端经久不落，在阔叶树种中有特殊观赏价值，可用于园林绿化。其木材粗松，可做火柴杆。树皮、根皮、叶和果序均含鞣质，作为提制栲胶的原料，树皮亦能剥取纤维，叶可作农药，根部及老木含有芳香油，种子可榨油。

日照市东港区化香树

种名：化香树

树龄：100 年

学名：*Platycarya strobilacea* Sieb. et Zucc.

位置信息：北纬 35.5405599 东经 119.389755

科属：胡桃科 Juglandaceae 化香树属 *Platycarya*

此树位于日照市东港区南湖镇下湖一村西北。树高9.6米，枝下高6米，胸径52.87厘米，平均冠幅6.1米。

核桃

核桃（*Juglans regia* L.）隶属胡桃科（Juglandaceae）胡桃属（*Juglans*），正名胡桃。落叶乔木。树皮幼时灰绿色，平滑，老时纵裂，枝无毛。奇数羽状复叶，小叶椭圆状卵形至长椭圆形。雄性葇荑花序下垂。雄花的苞片、小苞片及花被片均被腺毛，雌花的总苞被极短腺毛，柱头浅绿色。假核果球形，无毛；果核稍具皱曲，有2条纵脊及不规则浅刻纹，顶端具短尖头。花期4—5月，果期9—10月。

核桃产于华北、西北、西南、华中、华南和华东等地区。山东各地普遍栽培。核桃种质资源丰富，种下品种众多。

核桃叶大荫浓，且有清香，可用作庭荫树及行道树。为重要经济树种，与扁桃、腰果、榛子一起，并列为世界四大干果。其木材坚实，是很好的硬木材料。种仁含油量高，可生食，亦可榨油食用。

核桃是吉祥的化身，核谐音“和（合）”，寓意阖家幸福安康、和和美美、和气生财、百年好合，古有“核桃制品可神灵镇宅、吉祥好运、逢凶化吉”之说。民间流传的古话：“核桃不离手，能活八十九，超过乾隆爷，阎王带不走。”清乾隆皇帝在《掌上旋日月》中写下“掌上旋日月，时光欲倒流。周身气血涌，何年是白头？”的诗句，将玩山核桃的妙处写得淋漓尽致。

济南市历城区柳埠镇核桃

种名： 胡桃

树龄： 500 年

学名： *Juglans regia* L.

位置信息： 北纬 36.407965 东经 117.096279

科属： 胡桃科 Juglandaceae 胡桃属 *Juglans*

此树位于济南市历城区柳埠镇蔡家庄村中。树高9.5米，胸径111.5厘米，平均冠幅9米。

传说核桃和蟠桃一样，是西王母的圣果，又称长寿果，一般的凡人根本看不到，摸不着。后来，西王母追随玉皇大帝来到人间，随身把核桃和蟠桃也带了来。

潍坊市临朐县五井镇核桃

种名： 胡桃

树龄： 600 年

学名： *Juglans regia* L.

位置信息： 北纬 36.397638 东经 118.278009

科属： 胡桃科 Juglandaceae 胡桃属 *Juglans*

此树位于潍坊市临朐县五井镇桥头村北。树高16.8米，胸径108厘米，平均冠幅15.8米。据考证，明洪武年间建村时种植此树。

临沂市费县马庄镇核桃

种名： 胡桃

树龄： 1000 年

学名： *Juglans regia* L.

位置信息： 北纬 35.172210 东经 117.925500

科属： 胡桃科 Juglandaceae 胡桃属 *Juglans*

此树位于临沂市费县马庄镇大寨村后。树高7米，胸径56厘米，平均冠幅6.8米。

马庄镇因驻地马庄村而得名。相传明永乐年间，官府派兵围剿清泉寺的和尚，在该村的水汪内饮过马，该村以此取名“饮马庄”，简称“马庄”。

泰安市岱岳区下港乡“齐鲁核桃王”

种名： 胡桃

学名： *Juglans regia* L.

科属： 胡桃科 Juglandaceae 胡桃属 *Juglans*

树龄： 300 年

位置信息： 北纬 36.455515 东经 117.316242

此树位于泰安市岱岳区下港乡大王庄村。树高22米，胸径250厘米，平均冠幅23.5米。

相传为清道光年间栽植，原并行栽三株，20世纪70年代损坏两株，仅存一株。五枝分杈，树冠遮阴盈亩，盛果期可年产干果500余斤。1985年林业普查时，认定此树为泰山周边“最大、最早、年产干果最多”的核桃树，遂称之为“齐鲁核桃王”。

枫杨

枫杨（*Pterocarya stenoptera* C. DC.）隶属于胡桃科（Juglandaceae）枫杨属（*Pterocarya*）。乔木。树皮暗灰色，老时深纵裂。多为偶数或稀奇数羽状复叶；对生或稀近对生。花单性，雌雄同株，雄性葇荑花序单独生于去年生枝条上叶痕腋内，雌性葇荑花序顶生。果序长达40厘米，果序轴有毛，翅果有狭翅，果实长椭圆形。花期4月，果期8—9月。

枫杨分布广泛，全国大部分地区均有分布，在长江流域和淮河流域最为常见。山东各大山区均有分布，多见于溪水边。

枫杨喜光，略耐侧荫，耐寒能力不强。树冠宽广，枝叶茂密，生长迅速，是种常见的庭荫树和防护树种。树皮还有祛风止痛、杀虫、敛疮等功效。

潍坊市青州市王坟镇枫杨

种名： 枫杨

学名： *Pterocarya stenoptera* C. DC.

科属： 胡桃科 Juglandaceae 枫杨属 *Pterocarya*

树龄： 500 年

位置信息： 北纬 36.519743 东经 118.293997

此树位于潍坊市青州市王坟镇石头沟村。树高12米，胸径124厘米，平均冠幅15.4米。

石头沟村因其河谷布满石头、河床皆为石板而得名。此树生长于村边溪水旁，树体高大，树势旺盛，枝干粗壮，冠形优美，枝叶繁茂。虽历经数百年，仍能茁壮生长。

青岛市城阳区惜福街道枫杨

种名： 枫杨

树龄： 106 年

学名： *Pterocarya stenoptera* C. DC.

位置信息： 北纬 36.312565 东经 120.553546

科属： 胡桃科 Juglandaceae 枫杨属 *Pterocarya*

此树位于青岛市城阳区惜福街道书院村村南山沟河底。树高24.2米，胸径80厘米，平均冠幅20.5米。

相传书院村为东汉郑玄“客耕东莱”时的地方，经学大家郑玄在青岛不其山设帐授徒，创建“康成书院”，建成之后曾盛极一时，闻名于世，远近慕名前来求学的人很多，许多学徒自远方投至门下，跟随郑玄的更是成百上千人。此树为清光绪年间村民种植。

板栗

板栗（*Castanea mollissima* Bl.）隶属壳斗科（Fagaceae）栗属（*Castanea*），正名栗，别名栗子、毛栗。落叶乔木。树皮灰色，不规则纵裂。单叶互生，叶椭圆至长圆形，雌雄同株，雄花为直立柔荑花序，雌花单独或数朵生于总苞内。坚果包藏在密生尖刺的总苞内，成熟壳斗四裂，每壳内1~3坚果。花期5—6月，果期8—10月。

国内除青海、宁夏、新疆、海南等少数省份外，广布于南北各省份。山东大部分山区丘陵有分布，以泰安、日照、郯城、五莲、莱阳等地较多。济南西营、莱芜独路村、泰安市大津口均有板栗古树群，其中不乏千年古树。板栗品种繁多，地方品种数百种。一般分北方栗和南方栗两类，北方栗作炒食，南方栗做菜。

板栗原产我国，栽培历史悠久，是食用最早的坚果。《诗经》云：“栗在东门之外，不在园圃之间，则行道树也”；《左传》也有“行栗，表道树也”的记载，说明当时已被植入园地或作行道树。西汉司马迁《史记》记载：“春秋帝王曾大力嘉奖，凡栽栗树千株以上者，竟以千户侯相待。”说明古人早知道板栗可保健强体。栗子营养丰富，有“干果之王”的美称。著名的糖炒板栗始于宋代，刚出锅时香味浓郁，吃到嘴中，余香满口。京、津一带有佳句赞咏：“堆盘栗子炒深黄，客到长谈索酒尝。寒火三更灯半灺，门前高喊‘灌香糖’”。

板栗是重要的经济树种。其材质坚硬，纹理通直，防腐耐湿，是制造军工、车船、家具的好材料。枝叶、树皮、刺苞富含单宁，可提取烤胶，花是很好的蜜源，叶可作蚕饲料，果实可制作食品。各部分均可入药。

济南市莱芜区“唐板栗王”

种名： 栗

树龄： 1000 年

学名： *Castanea mollissima* Bl.

位置信息： 北纬 36.429335 东经 117.388313

科属： 壳斗科 Fagaceae 栗属 *Castanea*

此树位于济南市莱芜区大王庄镇独路村唐朝板栗园内。树高10.5米，胸径150.6厘米，平均冠幅11米。

传说此树唐代就已存在，因产量较高，深受百姓喜爱和爱护。据老人们讲，以前每逢年成不好庄稼歉收，全村人就靠储存的板栗维持生活。所以从古到今留下了一个不成文的规定，独路村板栗树不能砍只能种。目前，独路村漫山遍野都是板栗树。此树属于村集体所有，是独路村100多株千年板栗古树的“树王”。

济南市章丘区市垛庄镇板栗

种名： 栗

树龄： 2100年

学名： *Castanea mollissima* Bl.

位置信息： 北纬 36.480376 东经 117.318193

科属： 壳斗科 Fagaceae 栗属 *Castanea*

此树位于济南市章丘区垛庄镇岳滋村西峪。树高15米，胸径210厘米，平均冠幅18米。

岳滋村密布着108个泉眼，有“百泉村”的美誉。相传村中板栗汉武帝时期已有。

麻栎

麻栎（*Quercus acutissima* Carr. var. *acutissima*）隶属壳斗科（Fagaceae）栎属（*Quercus*），别名橡子。落叶乔木。树皮深灰褐色，深纵裂。幼枝被灰黄色柔毛，老时灰黄色，具淡黄色皮孔。冬芽圆锥形，被柔毛。叶片为长椭圆状披针形，叶缘有刺芒状锯齿，叶片两面同色，幼时被柔毛，老时无毛或叶背面脉上有柔毛。雄花序常数个集生于当年生枝下部叶腋，有花1~3朵，花柱壳斗杯形，包着坚果约1/2。坚果卵形或椭圆形，顶端圆形，果脐突起。花期3—4月，果期翌年9—10月。

麻栎分布于中国辽宁、河北、山西、山东、江苏、安徽、浙江、江西、福建、河南、湖北、湖南、广东、海南、广西、四川、贵州、云南等省份。山东分布于鲁中南和胶东山地丘陵，济南、泰安等地栽培。

麻栎喜光，耐干旱、瘠薄，亦耐寒是荒山瘠地造林的先锋树种，亦可作庭荫树、行道树。其材质坚硬耐腐朽，气干易翘裂，供枕木、坑木、桥梁、地板等用。叶含蛋白质13.58%，可饲柞蚕。壳斗、树皮含鞣质，可提取栲胶。种子含淀粉和脂肪油，可酿酒、作饲料和工业用淀粉。

《本草纲目》记载：栎，木也。四五月开花如栗。结实如茄枝核而有尖。其蒂有斗，包其半截。其肉如老莲肉，山人俭岁采以为饭，或捣浸取粉食，丰年可以肥猪。其木高二三丈，坚实而重，有斑纹点点。大者可作柱栋，小者可为薪炭。

青岛市崂山区王哥庄街道麻栎

种名： 麻栎

树龄： 310年

学名： *Quercus acutissima* Carr. var. *acutissima*

位置信息： 北纬 36.167962 东经 120.685223

科属： 壳斗科 Fagaceae 栎属 *Quercus*

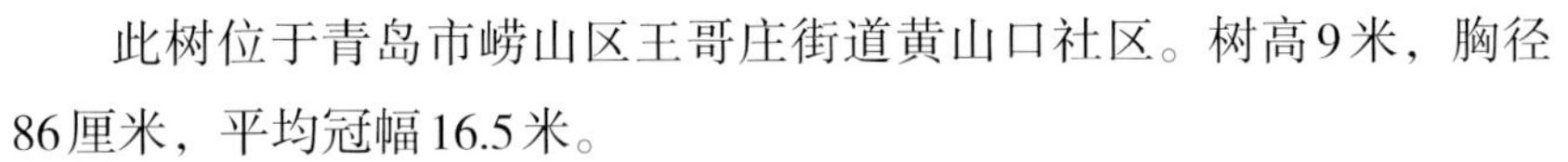

此树位于青岛市崂山区王哥庄街道黄山口社区。树高9米，胸径86厘米，平均冠幅16.5米。

泰安市岱岳区下港镇麻栎

种名： 麻栎

树龄： 310 年

学名： *Quercus acutissima* Carr. var. *acutissima*

位置信息： 北纬 36.404720 东经 127.890000

科属： 壳斗科 Fagaceae 栎属 *Quercus*

此树位于泰安市岱岳区下港镇陈寺峪村。树高7.5米，胸径145.2厘米，平均冠幅7米。

槲栎

槲栎（*Quercus aliena* Bl.）隶属于壳斗科（Fagaceae）栎属（*Quercus*）。落叶乔木。树皮暗灰色，深纵裂，小枝灰褐色，近无毛，具圆形淡褐色皮孔。单叶，互生，叶片长椭圆状倒卵形至倒卵形，长10~20厘米，宽5~14厘米。边缘具波状钝齿，下面密被灰白色星状毛，羽状脉，侧脉10~15对。壳斗杯形，径1.3~2厘米，包着坚果约1/2；苞片鳞片状，排列紧密，被灰白色短毛。坚果当年成熟，椭圆形至卵形，长1.7~2.5厘米，果脐微突起。花期4—5月，果期9—10月。

槲栎主要分布于陕西、山东、江苏、安徽、浙江、江西、河南、湖北、湖南、广东、广西、四川、贵州、云南等省份。山东内分布于鲁中南及胶东山区丘陵。

槲栎叶片大且肥厚，叶形奇特、美观，叶色翠绿油亮、枝叶稠密，属观叶绿化树种。木材坚硬，耐腐，纹理致密，供建筑、家具及薪炭等用材。种子富含淀粉，壳斗、树皮富含单宁。朽木可培养香菇、木耳。

泰安市岱岳区黄前镇槲栎

种名： 槲栎

树龄： 500 年

学名： *Quercus aliena* Bl.

位置信息： 北纬 36.320438 东经 117.247999

科属： 壳斗科 Fagaceae 栎属 *Quercus*

此树位于泰安市岱岳区黄前镇砚池河村大兰峪。树高7.5米，胸径165厘米，平均冠幅11.5米。

威海市荣成市崖西镇槲栎

种名： 槲栎

树龄： 400 年

学名： *Quercus aliena* Bl.

位置信息： 北纬 37.234956 东经 122.410485

科属： 壳斗科 Fagaceae 栎属 *Quercus*

此树位于威海市荣成市崖西镇山河吕家村吕氏墓地。树高6.6米，胸径48.7厘米，平均冠幅11.3米。此树为野生，生长在土壤瘠薄的坡地上，仍生长旺盛，枝叶繁茂。

栓皮栎

栓皮栎（*Quercus variabilis* Bl.）隶属壳斗科（Fagaceae）栎属（*Quercus*）。落叶乔木。树皮黑褐色，深纵裂，木栓层发达。小枝黄褐色，无毛，芽圆锥形，褐色。单叶，互生，叶片长椭圆卵状披针形或长椭圆形，叶缘具刺芒状锯齿，上面无毛，叶背密被灰白色星状绒毛。壳斗杯形，包围坚果约2/3，坚果2年成熟，椭圆形或圆柱形，先端平。花期3—4月，果期翌年9—10月。

栓皮栎分布于全国大部分省份。山东主要分布于泰山、崂山、昆嵛山等鲁中南山地与胶东丘陵地带。

栓皮栎喜光，抗风、抗旱、耐火耐瘠薄，适应性强，树皮不易燃烧。树干通直，枝条广展，树冠雄伟，浓荫如盖，秋季叶色转为橙褐色，季相变化明显，是良好的绿化观赏树种。因根系发达，又是营造防风林、水源涵养林及防护林的优良树种，具有很好的观赏价值和生态价值。

栓皮栎木栓层发达，是天然的软木，可制瓶塞、救生圈、隔音板、软木地板等，木材材质致密坚实，强度大，纹路美观，主要用于制作高档实木家具、实木地板、酒桶以及兵器、车辆、船舶、桥梁等的上好用材。壳斗、树皮富含单宁，可提取栲胶，叶可以用来替代笼布，用于食品制作，果实称橡子，富含淀粉、油脂、蛋白、单宁等，可以作为食品、饲料、制作生物柴油及其他工业的原料。

泰安市徂徕山林场栓皮栎

种名： 栓皮栎

树龄： 500 年

学名： *Quercus variabilis* Bl.

位置信息： 北纬 36.004061 东经 117.336274

科属： 壳斗科 Fagaceae 栎属 *Quercus*

此树位于泰安市徂徕山林场茶石峪林区上场工队。原树冠被风折断，现树高 12.7 米，胸径 103.5 厘米，平均冠幅 11.9 米。

树上生有槲寄生，长势一般，开花结实量小，林场采取相应措施予以保护。

青岛市崂山区王哥庄街道栓皮栎

种名： 栓皮栎

树龄： 300年

学名： *Quercus variabilis* Bl.

位置信息： 北纬 36.207909 东经 120.675543

科属： 壳斗科 Fagaceae 栎属 *Quercus*

此树位于青岛市崂山区王哥庄街道棋盘石华严寺外东北角。树高21米，胸径110.2厘米，平均冠幅10.8米。

华严寺为崂山中现存唯一佛寺。明崇祯时，由明代御史黄宗昌捐造，名华严庵，亦称“华严禅院”，在寺的西边山上，后毁于兵火。清初黄坦助慈沾禅师重建于今址，1931年改今名，栓皮栎为清康熙年间栽种。

鹅耳枥

鹅耳枥（*Carpinus turczaninowii* Hance）隶属桦木科（Betulaceae）鹅耳枥属（*Carpinus*）。小乔木。树皮暗灰褐色，平滑，老时浅纵裂。枝细瘦，灰棕色，幼时有柔毛，后脱落。单叶，互生，叶卵形，顶端锐尖或渐尖，边缘具规则或不规则的重锯齿。花单性，雌雄同株。果序长3~5厘米，小坚果阔卵形，长约3毫米，无毛。花期4—5月，果期8—10月。

鹅耳枥分布于辽宁南部、山西、河北、河南、山东、陕西、甘肃等省份。山东分布于各大山区。

鹅耳枥木材坚韧，可制农具、家具、日用小器具等。种子含油，可供食用或工业用。

潍坊市临朐县蒋峪镇沂山鹅耳枥

种名： 鹅耳枥

树龄： 400 年

学名： *Carpinus turczaninowii* Hance

位置信息： 北纬 36.204192 东经 118.609794

科属： 桦木科 Betulaceae 鹅耳枥属 *Carpinus*

此树位于潍坊市临朐县蒋峪镇沂山风景区内歪头崮。树高2.8米，胸径57.3厘米，平均冠幅6.9米。

此树生长于沂山歪头崮一带，属于自然分布的野生鹅耳枥古树群，是山东乃至江北地区最大的古树群。此树树皮呈灰白色，小枝呈栗褐色，树枝苍劲有力，虬枝盘曲，虽历经沧桑，但仍枝繁叶茂，生机盎然，表现出了顽强的生命力和不屈不挠的精神。

牡丹

牡丹（*Paeonia suffruticosa* Andr.）隶属芍药科（Paeoniaceae）芍药属（*Paeonia*）。落叶灌木。分枝短而粗，叶通常为二回三出复叶，具9小叶，稀近枝顶的叶为3小叶；顶生小叶宽卵形，上面绿色无毛，下面淡绿色，有时有白粉；3裂至中部，裂片不裂或2~3浅裂，侧生小叶狭卵形或长圆状卵形，不等2裂至3浅裂或不裂，近无柄。花单生或双生于枝顶，花萼片5，绿色，宽卵形，大小不等。花单瓣或为重瓣，玫瑰色、红紫色、粉红色至白色，蓇葖长圆形，密生黄褐色硬毛。蓇葖果长圆形，密生黄褐色硬毛。花期5月，果期6月。

中国牡丹资源丰富，大体分野生种、半野生种及园艺栽培种几种类型。根据栽培地区和野生原种的不同，可分为4个牡丹品种群，即中原品种群、西北品种群、江南品种群和西南品种群。牡丹在全国各地均有栽种。山东各地栽培，菏泽是中国牡丹栽培面积最大最集中的地区之一。

牡丹是中国特有的木本名贵花卉，有数千年的自然生长和1500多年的人工栽培历史。其花色泽艳丽，玉笑珠香，风流潇洒，富丽堂皇，素有“花中之王”的美誉。在栽培类型中，主要根据花的颜色，可分成上百个品种。牡丹品种繁多，色泽亦多，以黄、绿、肉红、深红、银红为上品，尤其黄、绿为贵。牡丹花大而香，有“国色天香”之称。

牡丹具有重要的观赏、药用、食用价值，具有深厚的牡丹文化。唐代刘禹锡有诗曰：“庭前芍药妖无格，池上芙蕖净少情。唯有牡丹真国色，花开时节动京城。”在清代末年，牡丹就曾被当作中国的国花。1985年5月牡丹被评为中国十大名花之一。

菏泽市牡丹区“明代牡丹王”

种名：牡丹

树龄：400 年

学名：*Paeonia suffruticosa* Andr.

位置信息：北纬 35.273045 东经 115.477262

科属：芍药科 Paeoniaceae 芍药属 *Paeonia*

此树位于菏泽市牡丹区牡丹街道百花园。树高2.5米，胸径40厘米，平均冠幅3.6米。牡丹王春季枝叶繁茂青翠，花粉色，荷花型，故名玉翠荷花。每年开花400余朵。目前为中国牡丹中株型最大，株龄最古老的牡丹树中之王。此花系明万历三十八年（公元1610年）工部尚书何应瑞家中花园培育。

百花园原名凝香园，为何家私人花园。明万历年间，御使何尔健将“凝香园”买下，成为此园的第一任主人。何尔健四处为官，几乎无暇顾及这个园子。作为家中长子的何应瑞就担负起管理园子的重任。此时的凝香园内也是奇花异草美不胜收，但唯独牡丹品种较少，而何应瑞对牡丹却情有独钟，他就四处收集牡丹品种，并亲自栽植在园内。当时的菏泽城内，赵楼、李集的牡丹享誉周边，何应瑞便常常去考察那里的牡丹。遇到好的品种，他就以高价买来种植。但很多名贵品种要进贡朝廷，何应瑞就在园子里培育牡丹，结果培育出了许多名贵的品种，有的品种连赵楼、李集的老牡丹花匠看了都大为惊叹，连连称奇。

在今日凝香园的何家祠堂大殿前，矗立着一座古香古色的碑墙，由青砖青瓦垒砌而成，上面雕刻着何应瑞著名的七律诗《牡丹》，整首诗通过对牡丹的相思和相见后的喜悦，表现了辞官回乡后的何应瑞对家乡的亲情。“廿年梦想故园花，今到开时始到家。几许新名添旧谱，因多旧种变新芽。摇风百态娇无定，坠露丛芳影乱斜。为语东皇留醉客，好教晴日护丹霞。”

东营市广饶县大王镇“魏紫王”

种名：牡丹

树龄：300 年

学名：*Paeonia suffruticosa* Andr.

位置信息：北纬 37.014873 东经 118.518537

科属：芍药科 Paeoniaceae 芍药属 *Paeonia*

此树位于东营市广饶县大王镇于巷村于德俊家院内。树高2米，胸径60厘米，平均冠幅2.7米。

这株牡丹由清代进士于景洙在道光年间移植而来，品种为魏紫，开花可达200余朵。朵朵紫红色的花朵点缀在繁茂的枝叶间，弥漫着沁人心脾的花香。魏紫是传统牡丹品种。欧阳修《洛阳牡丹记》记载：“魏家花者，千叶肉红花，出于魏相（仁溥）家。始樵者于寿安山中见之，斫以卖魏氏。魏氏池馆甚大，传者云：‘此花初出时，人有欲阅者，人税十数钱，乃得登舟渡池至花所，魏氏日收十数缗。其后破亡，鬻其园，今普明寺后林池乃其地，寺僧耕之以植桑麦。花传民家甚多，人有数其叶者，云至七百叶。’钱思公尝曰：‘人谓牡丹花王，今姚黄真可为王，而魏花乃后也’”。宋辛弃疾《临江仙》词：“魏紫朝来将进酒，玉盘盂样先呈。”

烟台市招远市玲珑镇班仙洞“牡丹王”

种名： 牡丹

树龄： 300 年

学名： *Paeonia suffruticosa* Andr.

位置信息： 北纬 37.458793 东经 120.488206

科属： 芍药科 Paeoniaceae 芍药属 *Paeonia*

此树位于烟台市招远市玲珑镇大将家林区班仙洞。树高1.5米，胸径13厘米，平均冠幅2.3米。班仙洞道观管护，保护措施很好。

班仙洞为元末明初所建。旧志记载：元代全真教龙门派创始人丘处机曾修炼于此，并题有“春风浩荡满山谷，自上纵欲超天庭”诗句。班仙洞数百年来香火不衰，西侧500米处“道士茔”墓群，为历代道徒葬身之处。1940年后，观内已无道士住持。因无人管理，逐年衰败，至修复前，清代建筑已不存。1992年，当地政府修复班仙洞，成为招远市重点风景旅游区之一，烟台市级重点文物保护单位。每当阳春三月，日觉观院内牡丹盛开，杜鹃花红如火，风景秀丽，游人不绝。相传该牡丹极具灵性，侧旁必须有芍药相伴才能开花，花瓣代茶泡水，饮之可治多种疾病。

山茶

山茶（*Camellia japonica* L.）山茶科（Theaceae）山茶属（*Camellia*），别名耐冬。常绿灌木或小乔木。小枝淡绿色，无毛。单叶，互生，叶革质，椭圆形，先端略尖，基部阔楔形，上面暗绿色，有光泽，下面浅绿色，两面无毛，羽状脉。花单生、腋生或顶生，近无梗，花大，红色或白色。蒴果圆球形，种子近球形或有棱角。花期12月至翌年5月，果秋季成熟。

山茶原产中国，四川、台湾、山东、江西、云南等地有野生种，全国各地广泛栽培。山东青岛有分布，青岛、威海等地露地栽培。品种繁多，花多数为红色或淡红色，亦有白色，多为重瓣。

山茶喜温暖、湿润和半阴环境，怕高温，忌烈日。为冬季、春季主要的蜜源植物，山茶花可入药。种子含有丰富的不饱和脂肪油，别称茶子油，是重要的木本油料植物之一。茶油供食用，榨油后的油枯，可作洗涤、肥料和杀虫用。果壳富含单宁，可提取栲胶，也可提取皂素制碱。

中国的传统园林花木，栽培历史悠久，早在唐代就有栽培，到了宋代已闻名遐迩了。据资料记载，云南省昆明市近郊太华寺院内，有山茶老树一株，相传为明朝初年建文帝手植。昆明东郊茶花寺，有红山茶一株，为宋朝遗物，高达20米，每当花季，红英覆树，花人如株，状如牡丹。山茶树冠多姿，叶色翠绿，花大艳丽，枝叶繁茂，四季常青，开花于冬末春初万花凋谢之时，尤为难得。古往今来，很多诗人写下了赞美山茶的诗句。郭沫若先生曾用“茶花一树早桃红，白朵彤云啸做中”的诗句赞美山茶盛开的景况。

青岛市即墨区大管岛山茶群

种名： 山茶

学名： *Camellia japonica* L.

科属： 山茶科 Theaceae 山茶属 *Camellia*

树龄： 630 年

位置信息： 北纬 36.35386 东经 120.690020

此山茶群位于青岛市即墨区鳌山卫街道大管岛。平均树龄620年，平均树高3.5米，平均胸径32厘米。

管岛与小管岛南北相望，互为犄角。岛上草木茂盛，覆盖良好，更有山茶多株，生于岛东侧悬崖之上，最大树龄已年逾630年。花开季节，香气四溢，沁人心扉。山茶在大管岛群主要岛屿均有分布。现野生山茶群长势旺盛，共34株。

青岛市崂山区太清宫山茶“绛雪”

种名：山茶

树龄：500 年

学名：*Camellia japonica* L.

位置信息：北纬 36.140023 东经 120.670730

科属：山茶科 Theaceae 山茶属 *Camellia*

此树位于青岛市崂山区太清宫救苦殿。树高10.6米，胸径44.9厘米，平均冠幅12.1米。据考证，此树明代著名道士张三丰渡海从附近的长门岩岛上移植过来的。每当北国飘雪季节，这株山茶千花怒放，整个树上像是落了厚厚的红色的雪。清代著名文学家蒲松龄曾经在崂山住过，看到这种美景，写下了《聊斋志异》中的《香玉》。文章中穿红衣的花神名为“绛雪”，“绛”是红色，意为红色的雪，实际上是寓意这棵山茶为神工所成。

随着《聊斋志异》的声名远播，自清代中期开始，凡来崂山的游客无不入庙观树。不幸的是，“绛雪”于1926年仙逝，但三官殿院内和“绛雪”树龄相近、立地条件相似、树形相若的姐妹树仍在，为了满足游人对“绛雪”的寻觅，遂将“绛雪”之名移于三官殿院的另一株“耐冬”身上。

青岛市即墨区鳌山卫镇山茶

种名：山茶

树龄：190 年

学名：*Camellia japonica* L.

位置信息：北纬 36.350684 东经 120.624612

科属：山茶科 Theaceae 山茶属 *Camellia*

此树位于青岛市即墨区鳌山卫镇公母石村。树高6.8米，胸径31.6厘米，平均冠幅5.9米。

明永乐年间，周姓从云南迁来此地。村西山上有双石矗立，一似老妪，一似老翁，称公母石。因此以石名村名。

紫椴

紫椴（*Tilia amurensis* Rupr.）隶属椴树科（Tiliaceae）椴树属（*Tilia*），别名阿穆尔椴。乔木。树皮暗灰色，纵裂，片状脱落。一年生枝黄褐色或赤褐色，二年生枝紫褐色，无毛。单叶，互生，阔卵形或近圆形，边缘具不整齐锯齿，齿间具小芒刺块。聚伞花序，花萼片5，花瓣5，黄白色。核果卵球形，密被灰褐色星状毛。花期6—7月，果熟期9—10月。

紫椴原产中国，分布于黑龙江、吉林、辽宁、山东、河北、山西等省份。山东各地广为栽培。

紫椴喜光，耐寒，抗毒性强，可作为生态及观赏绿化树种应用。其木材质轻而软，不翘不裂，可供胶合板、家具用。种子可榨油，是重要蜜源植物。

椴树树形高大雄伟，树叶浓密，与佛教中菩提树的叶子相近，被称作“北方菩提树”。乾隆皇帝品尝长白山椴树蜜后，写下了“一杯东山白蜜，胜似宫廷茗茶”的佳句。

潍坊市临朐县沂山林场紫椴

种名：紫椴

树龄：500年

学名：*Tilia amurensis* Rupr.

位置信息：北纬36.204034 东经118.609000

科属：椴树科 Tiliaceae 椴树属 *Tilia*

此树位于潍坊市临朐县蒋峪镇沂山林场歪头崮。树高9.8米，胸径48厘米，平均冠幅12.9米。

潍坊市临朐县蒋峪镇紫椴

种名： 紫椴

树龄： 500 年

学名： *Tilia amurensis* Rupr.

位置信息： 北纬 36.204082 东经 118.609152

科属： 椴树科 Tiliaceae 椴树属 *Tilia*

此树位于潍坊市临朐县蒋峪镇沂山林场歪头崮。树高9.5米，胸径48厘米，平均冠幅11.4米。

梧桐

梧桐【*Firmiana simplex*（L.）W. Wight】隶属梧桐科（Sterculiaceae）梧桐属（*Firmiana*），别名青桐。落叶乔木。树皮青绿色，光滑，老枝灰色，纵裂。冠卵圆形，干枝翠绿色，平滑。小枝粗壮，顶芽发达，密被锈色绒毛。单叶，互生，叶掌状3~5裂，裂片全缘，基部心形，叶柄约与叶片等长。圆锥花序，花萼5深裂至基部，花药黄色，花柱合生。蓇果为膏葖果，种子球形，棕褐色，表面有皱纹。花期6—7月，果期9—10月。

梧桐在黄河流域以南至华南、西南广泛栽培。山东各地普遍栽培。

梧桐为优良绿化观赏树种。喜光，耐寒性不强，积水易烂根，抗性较强。其木材轻软，为制木匣和乐器的良材。树皮的纤维洁白，可用以造纸和编绳等，种子炒熟可食或榨油。

泰安市东平县腊山林场梧桐

种名： 梧桐

树龄： 800 年

学名： *Firmiana simplex* (L.) W. Wight

位置信息： 北纬 36.038095 东经 116.168075

科属： 梧桐科 Sterculiaceae 梧桐属 *Firmiana*

此树位于泰安市东平县银山镇腊山林场祥龙观邱祖阁前。树高 9 米，胸径 58.3 厘米，平均冠幅 5 米。生长一般。

西周时期周穆王曾来此狩猎，隋代瓦岗军首领李密曾在此留驻，唐代药王孙思邈也曾在此山采药行医，道教全真龙门派始祖邱处机在此修行。梧桐树据传为丘处机亲手种植，与另一侧的槐树，共取“怀童（槐桐）不老”之意。

济南市历城区华山街道梧桐

种名： 梧桐

树龄： 500 年

学名： *Firmiana simplex* (L.) W. Wight

位置信息： 北纬 36.724892 东经 117.063353

科属： 梧桐科 Sterculiaceae 梧桐属 *Firmiana*

此树位于济南市历城区华山街道华阳宫。树高11.5米，胸径30厘米，平均冠幅5.8米，生长一般。

金兴定四年（公元1220年），全真教宗师丘处机的弟子陈志渊在山南建华阳宫，后被誉为“历下胜景”“济南巨观”。清代全祖望在《游华不注记》中就曾把华阳宫比作我国著名风景区“苏州虎丘”。据考证，梧桐为明弘治年间栽种。

柽柳

柽柳（*Tamarix chinensis* Lour.）隶属柽柳科（Tamaricaceae）柽柳属（*Tamarix*），别名三春柳、荆条。落叶乔木或灌木。老枝紫褐色，条状裂，暗褐红色，光亮；小枝蓝绿色，细弱而下垂。叶鲜绿色，从生木质化枝上的绿色营养枝上叶片长圆状披针形或长卵形，上部绿色营养枝上叶片钻形或卵状披针形，半贴生。每年开花2~3次，春季开花：总状花序侧生在生木质化的小枝上，花大而少，较稀疏而纤弱点垂，花粉红色。夏秋季开花：总状花序生于当年生幼枝顶端，组成顶生圆锥花序，通常下弯。蒴果圆锥形，先端长尖，3瓣裂。花期5—8月，可3次开花，果期7—10月。

柽柳分布于辽宁、河北、河南、山东、江苏、安徽等省份，东部至西南部各省份栽培。山东分布于鲁西地区，各地常见栽培。

柽柳喜光，耐高温、严寒，耐干又耐水湿，抗风又耐盐碱，适应干旱沙地和滨海盐土生存，是改造盐碱地、绿化环境的优良树种。枝条细柔，姿态婆娑，开花如红蓼，颇为美观，可作为庭园观赏树。嫩枝叶入药，细枝柔韧耐磨，多用来编筐，枝亦可编耱和农具柄把。

莱州市柞村镇柽柳

种名：柽柳

学名：*Tamarix chinensis* Lour.

科属：柽柳科 Tamaricaceae 柽柳属 *Tamarix*

树龄：300 年

位置信息：北纬 37.103879 东经 119.959681

此树位于烟台市莱州市柞村镇东朱旺村内。树高8.4米，胸径51厘米，平均冠幅11.6米。

据传，当年村庄有八间旧房后墙，正冲着山上大沟，暴雨来时，山上的水流很猛，为辟邪在村民在半山腰处栽植此树，树上挂满红布条，以神相敬，求得平安。

加拿大杨

加拿大杨（*Populus* × *canadensis* Moench）隶属杨柳科（Salicaceae）杨属（*Populus*），别名加杨。乔木。树干下部暗灰色，上部褐灰色，深纵裂，树冠卵形。小枝圆柱形，微有棱角，无毛。芽大，先端反曲，富黏质。叶三角形或三角状卵形，先端渐尖，基部截形或宽楔形，叶柄侧扁而长，带红色。多雄株，雌株少见。蒴果卵圆形。花期4月，果期5月。

加拿大杨是美洲黑杨和欧洲黑杨的杂交种，19世纪中叶引入我国。除广东、云南、西藏外，各省份均有引种栽培。山东各地有栽培。

加拿大杨树体高大，树冠宽阔，叶片大而具有光泽，夏季绿荫浓密，是良好的绿化树种。喜温暖湿润气候，适应性强、生长快，耐瘠薄及微碱性土壤。其木材供箱板、家具、火柴杆、牙签和造纸等用，树皮含鞣质，可提制栲胶，也可做黄色染料。

德州市临邑县孟寺镇加拿大杨

种名： 加拿大杨

树龄： 100 年

学名： *Populus* × *canadensis* Moench

位置信息： 北纬 37.185550 东经 117.004400

科属： 杨柳科 Salicaceae 杨属 *Populus*

此树位于德州市临邑县孟寺镇后胡村。树高30米，枝下高5米，胸径160厘米，平均冠幅16.5米。

钻天杨

钻天杨【*Populus nigra* L. var. *italica*（Moench）Koehne】隶属杨柳科（Salicaceae）杨属（*Populus*），黑杨变种。乔木。本变种长短枝叶异型，长枝叶片扁三角形，通常宽大于长，长约7.5厘米，先端短渐尖，基部截形，边缘有钝圆锯齿，两面无毛。短枝叶片菱状三角形，或菱状卵圆形，长5~10厘米，宽4~9厘米。叶柄长2~4.5厘米，上部偏扁，果柄细长。花期4月。

钻天杨在长江、黄河流域各地广为栽培，西北、华北地区最适生。山东济南、青岛、泰安、聊城及淄博等地有引种栽培。

钻天杨喜光、抗寒、抗旱，稍耐盐碱及水湿。树形圆柱状，在北方常做行道树、防护林用。木材供建筑、造纸用。

日照市五莲县潮河镇钻天杨

种名： 钻天杨

树龄： 100 年

学名： *Populus nigra* L. var. *italica* (Moench) Koehne

位置信息： 北纬 35.670499 东经 119.509423

科属： 杨柳科 Salicaceae 杨属 *Populus*

此树位于日照市五莲县潮河镇朱家沟村村北。树高25.4米，胸径76厘米，平均冠幅12米。

毛白杨

毛白杨（*Populus tomentosa* Carr.）隶属杨柳科（Salicaceae）杨属（*Populus*）。落叶乔木。树皮灰绿色至灰白色，光滑，老树干下部灰黑色，纵裂。树冠卵圆形，幼枝密生灰色绒毛，老枝无毛。单叶，互生，长枝叶宽卵形或三角状卵形，叶柄顶端常有2~4腺体。花药红色，子房上位，柱头2裂，红色。果序长达15厘米，蒴果长圆锥形或长卵形，2瓣裂。花期3月，果期4月。

毛白杨分布比较广泛，以黄河流域中、下游为中心分布区，在辽宁（南部）、河北、北京、山东、山西、陕西、甘肃、河南、安徽、江苏、浙江等省份。山东各地普遍栽培。河北、河南、山东、甘肃等地仍保存有500年以上树龄的古树。

毛白杨树体高大挺拔，姿态雄伟，叶大荫浓，生长较快，适应性强，有一定的耐旱和耐盐碱能力，是北方城乡绿化和重要用材树种。其木材白色，纹理直，纤维含量高，易干燥，易加工，油漆及胶结性能好，可供建筑、家具、箱板及火柴杆、造纸等用材。

毛白杨是中国特有乡土树种，有2000多年的栽培历史，最早文字记载可追溯到公元前7世纪，《诗经·陈风·东门之杨》有“东门之杨，其叶牂牂。昏以为期，明星煌煌。东门之杨，其叶肺肺。昏以为期，明星晢晢”之句，描述了一位痴心青年在城东门外白杨树下期盼与恋人约会的情景。

滨州市邹平市西董街道毛白杨

种名： 毛白杨

树龄： 400 年

学名： *Populus tomentosa* Carr.

位置信息： 北纬 36.787100 东经 117.701490

科属： 杨柳科 Salicaceae 杨属 *Populus*

此树位于滨州市邹平市西董街道由家河滩村村南头。树高 15 米，胸径 120.6 厘米，平均冠幅 7.8 米。

据《邹平县水利志》记载，此树为明崇祯年间刘阁老所栽。此树树干底部中部都已中空开裂，树皮大部已经脱离长势衰落，上部树枝部分枯死，只剩中部焕发出些许新的枝条，体现出盎然的生机。

德州市宁津县保店镇“杨抱槐”

种名：毛白杨

树龄：610年

学名：*Populus tomentosa* Carr.

位置信息：北纬37.647800 东经116.630990

科属：杨柳科 Salicaceae 杨属 *Populus*

此树位于德州市宁津县保店镇黄镇村，此树在当地被称为“杨抱槐”。高大的白杨树腹中长出一棵国槐，两树连体并生，枝叶交错，蔚为奇观。树高20.8米，胸径118厘米，平均冠幅17米。

据传此树为明永乐二年（公元1404年）黄氏自江苏沛县迁来定居时村民栽种，毛白杨树龄已有600多年，槐树也有70多年的树龄。毛白杨南部枝桠已干枯，西部树干已枯朽，北部枝干仍很茂盛。国槐正值枝繁叶茂的旺盛时期，主根已从离地面1.5米处地杨树腹中扎进地下。

又传，燕王朱棣造反后，皇帝朱允文落难而逃，被燕王大军追至宁津县城（故宁津县城在黄镇村所在的保店镇）名叫鬲津县的小村庄，向村民求救，村民本对朱棣叔夺侄位的篡逆行为甚为不满，便慷慨相救，将朱允文藏于白杨树树洞中，可从树缝中仍能发现人景，这时追兵将至，情急中一大汉将旁边的一株槐树连根拔出插入树洞中遮住了缝隙。或许百姓舍身相救的义举感动了上苍，当燕王的大军进村后，忽然刮起一阵狂风，只刮得天昏地暗，犹如神冥相助，迫使燕王的军队草草收兵，使朱允文和全村老少躲过了一场劫难。朱允文后来虽未东山再起，但在此地村民舍命相护下，得以终享天年，活到百岁无疾而终。斗转星移，当年插在杨树洞里为朱允文皇帝避难的槐树已长成参天大树，这两棵树如同朱允文皇帝与村民结下的深厚友谊一样，互相依存，共存共荣。

垂柳

垂柳（*Salix babylonica* L.）隶属杨柳科（Salicaceae）柳属（*Salix*）。乔木。树皮灰黑色，不规则开裂，树冠开展而疏散。枝细长而下垂，淡褐黄色、淡褐色或带紫色，无毛。芽线形，先端急尖。单叶，互生，叶狭披针形或线状披针形，先端长渐尖，基部楔形，锯齿缘。花序先叶开放，或与叶同时开放，有短梗，花药红黄色，子房上位，椭圆形，无柄，花柱短，柱头2~4深裂。蒴果长3~4毫米，带绿黄褐色。花期3—4月，果期4—5月。

垂柳分布在长江流域与黄河流域。山东各地均有栽培。

垂柳适应性强，既耐水湿，也能生于干旱处。因其枝条下垂，树体婀娜多姿，是优良园林绿化树种。其木材可供制家具，枝条可编筐，树皮含鞣质，可提制栲胶，叶可作羊饲料等。

据考证，诗人们笔下的杨柳，说得多是柳树。如描写济南泉水的诗句“家家泉水，户户垂杨”，就是说的柳树。《尔雅·释木》：“杨，蒲柳”；《广韵》：“杨，赤茎柳”；《诗经毛传》：“杨柳，蒲柳也。”原来在中国古代，“杨”是“柳”之一种。《尔雅义疏》：柽、旄、杨通谓之柳，蒲柳又谓之杨，是皆通名矣。这更是指出，在我国古代，杨、柳便是同义。

泰安市宁阳县堽城镇垂柳

种名： 垂柳

树龄： 130 年

学名： *Salix babylonica* L.

位置信息： 北纬 35.814672 东经 116.827092

科属： 杨柳科 Salicaceae 柳属 *Salix*

此树位于泰安市宁阳县堽城镇茅庄桥南村。树高12米，胸径159厘米，平均冠幅19.7米。苍劲挺拔，形似一张舒展的举手，撑托蓝天，极为壮观。

此树原为宋氏一家为方便行人纳凉休闲之用栽植。然此树生长也经历颇多磨难。1949年前，国民党某炮兵团行经该村时，为筑碉堡，造栅栏，将全村树木砍伐一光，此树也惨遭厄运，被伐去树头，在锯树身时，宋氏家人几经请求，柳树方逃过厄运。此后，柳树又发出一个伞盖树头，枝密叶茂甚为壮观，令人叹奇。经宋氏家人修剪，后发展为朝向四方的五个大枝，形成如今树貌。后来，人们赋予这五个大枝“福”“禄”“寿”“吉”“祥”的“五子登科”之意，也是出于对大柳树的偏爱。由于此树经历过多磨难，群众愈发敬树如神。如今村民在树身上披红挂彩祈求吉祥、事业顺利等。

腺柳

腺柳（*Salix chaenomeloides* Kimura）隶属杨柳科（Salicaceae）柳属（*Salix*）。小乔木。枝暗褐色或红褐色，有光泽。叶椭圆形、卵圆形至椭圆状披针形，先端急尖，基部楔形，边缘有腺锯齿。叶柄幼时被短绒毛，后渐变光滑，先端具腺点；托叶半圆形或肾形，边缘有腺锯齿，早落。花序梗和轴有柔毛；苞片小，卵形，子房狭卵形，具长柄，无毛。蒴果卵状椭圆形，长3~7毫米。花期4月，果期5月。

腺柳分布于辽宁（丹东）及黄河下、中游流域各省，多生于海拔1000米以下的山沟水旁。山东各地有分布。

腺柳可用于河滩地绿化，又为蜜源植物。木材供制器具，树皮可提栲胶，纤维供纺织及作绳索，枝条供编织。

青岛市城阳区夏庄街道腺柳

种名： 腺柳

树龄： 120 年

学名： *Salix chaenomeloides* Kimura

位置信息： 北纬 36.266635 东经 120.539642

科属： 杨柳科 Salicaceae 柳属 *Salix*

此树位于青岛市城阳区夏庄街道下蜜蜂村（居委会）鸦鹊庵子。树高12.4米，胸径63厘米，平均冠幅12米。

旱柳

旱柳（*Salix matsudana* Koidz.）隶属杨柳科（Salicaceae）柳属（*Salix*）。落叶乔木。树皮暗灰黑色，纵裂，枝细长，直立或斜展，浅褐黄色或带绿色，后变褐色。单叶，互生，叶披针形，先端长渐尖，基部窄圆形或楔形，托叶披针形或缺，边缘有细腺锯齿。柔荑花序与叶同时开放，雄花序圆柱形，稀具短梗，柱头卵形，近圆裂，腺体2。果序长达2.5厘米。花期4月，果期4—5月。

旱柳分布于东北、华北平原、西北黄土高原，西至甘肃、青海，南至淮河流域以及浙江、江苏。山东各地普遍分布和栽培。

旱柳枝条柔软，树冠丰满，是北方常用的绿化树种，宜作护岸林、防风林、庭荫树及行道树。其木质坚韧，花纹秀丽，色泽柔和，简洁清雅，宜于制作家具和用于雕刻。花有蜜腺，为早春蜜源树。嫩枝叶是良好的饲料来源。柳树皮极富纤维质，是造纸的好原料。枝条可编筐。

汉代以来，常以折柳相赠来表达依依惜别之情，引发旅人的思乡之情，如“曾栽杨柳江南岸，一别江南两度春。遥忆青青江岸上，不知攀折是何人。”

济南市历城区遥墙街道旱柳

种名： 旱柳

学名： *Salix matsudana* Koidz.

科属： 杨柳科 Salicaceae 柳属 *Salix*

树龄： 500年

位置信息： 北纬 36.783166 东经 117.177814

此树位于济南市历城区遥墙街道大码头村村中。树高20米，胸径176厘米，平均冠幅18.5米。

济南市历城区王舍人街道“幸福柳”

种名： 旱柳

树龄： 160 年

学名： *Salix matsudana* Koidz.

位置信息： 北纬 36.718408 东经 117.100381

科属： 杨柳科 Salicaceae 柳属 *Salix*

此树位于济南市历城区王舍人街道大辛庄幸福柳广场。树高10米，胸径354厘米，平均冠幅17.4米。

柿树

柿树（*Diospyros kaki* Thunb.）隶属柿科（Ebenaceae）柿属（*Diospyros*），正名柿，别名柿子。落叶乔木。树皮暗灰色，呈粗方块状深裂。小枝纤细，黑绿色，有贴伏的黄褐色短柔毛，冬芽锥尖状，有短伏柔毛。单叶，互生，叶薄革质，椭圆形或长圆状椭圆形，全缘，叶柄粗短有毛。雌雄同株或异株，雄花腋生，单生或两朵并生，花白色，花萼裂片4，三角形，宿存。果浆果形大，扁球形至卵圆形卵形，罕四方形。花期5—6月，果期10—11月。

柿树原产我国长江流域。在山东分布于各山地丘陵，各地普遍栽培。

柿树叶大荫浓，秋末冬初，霜叶染成红色，落叶后，柿实殷红不落，一树满挂累累红果，增添优美景色，是优良的风景树。其木材致密质硬，强度大，韧性强，可作家具及工业等用材。柿子可提取柿漆，用于涂渔网、雨具，填补船缝和作建筑材料的防腐剂等，亦能止血润便，缓和痔疾肿痛，降血压。柿饼可以润脾补胃，润肺止血。

柿树在我国有3000多年的栽培历史，《诗经》《周礼》《尔雅》《礼记》都有柿的记载。今长江沿岸、岭南地区和秦巴山区，还可找到野生柿。20世纪70年代，考古学家在湖南长沙马王堆三号汉墓中，发现了柿饼和柿核，说明距今2100年前的汉代已有柿树栽培。《礼记》中亦有“枣栗榛柿”之句，记述了柿既作食用，又植于宫殿、寺院中以作观赏。北魏贾思勰《齐民要术》“柿，有小者，栽之，无者，取枝于软枣根上插之，如插梨法”“柿有树干者，亦有火焙令干者”，说明1400多年以前，古人已经掌握嫁接繁殖柿树的方法。

菏泽市成武县南鲁集镇柿树

种名：柿

树龄：630 年

学名：*Diospyros kaki* Thunb.

位置信息：北纬 35.055692 东经 115.920881

科属：柿科 Ebenaceae 柿属 *Diospyros*

此柿树林位于菏泽市成武县南鲁集镇姜海村东北角。柿树林中最大的一棵柿树，树高9.8米，胸径43厘米，平均冠幅10.5米。

据说这片柿树林原有700余棵柿树，20世纪60年代被毁。现存东西两行，东行5棵，西行2棵。柿树林柿树长势旺盛，树皮凹凸不平，经历了年代的沧桑，见证了时光的无情，展现了生命的伟大。

烟台市招远市张星镇柿树

种名：柿

学名：*Diospyros kaki* Thunb.

科属：柿科 Ebenaceae 柿属 *Diospyros*

树龄：200 年

位置信息：北纬 37.525154 东经 120.416701

此树位于烟台市招远市张星镇石棚村村东。树高8.5米，胸径86厘米，平均冠幅9.8米。

相传该柿树栽植于明朝初期。此树经过几百年的风雨洗涤，中间遭遇过风霜虫害等的迫害，引起树皮木质部溃烂，进而形成了树洞，树洞严重时会破坏树体的输导组织，使水分和养分不能正常运转而危及树木生命。然而，这棵柿树经过多年的冲刷，依然巍峨耸立，枝繁茂盛，堪称大自然的王者。

德州市夏津县苏留庄镇“柿树王”

种名：柿

树龄：600 年

学名：*Diospyros kaki* Thunb.

位置信息：北纬 37.024337 东经 116.094514

科属：柿科 Ebenaceae 柿属 *Diospyros*

此树位于德州市夏津县苏留庄镇前屯村观光路西侧。树高12米，胸径101.9厘米，平均冠幅13.7米。

相传明洪武二十五（公元1392年），褚姓人家自山西省洪洞县大槐树迁于此地，并将随身携带洪洞柿树幼苗百余株，栽于沙丘之上。现存古柿树30余株，此树为其中最大一株，树冠呈半圆伞形，干枝粗壮，叶幕厚重，裸根十余条，如群龙盘踞，气势刚猛。该古柿树虽尽显沧桑，但仍生机勃勃，果实累累，1995年株产曾达千余斤，人们称此树称为“柿树王”。此树树皮呈鳞片状剥落，远看由六株树合抱缠绕而成，硕果累累，几百年的积淀，实属生命的礼赞。

德州市德城区二屯镇“进贡柿”

种名： 柿

学名： *Diospyros kaki* Thunb.

科属： 柿科 Ebenaceae 柿属 *Diospyros*

树龄： 300 年

位置信息： 北纬 37.559200 东经 116.297500

此树位于德州市德城区二屯镇丰乐屯大堤柿子园。树高8米，胸径60厘米，平均冠幅4米。相传，此树柿子熟的时候，曾作为贡品进贡给慈禧太后。

君迁子

君迁子（*Diospyros lotus* L.）隶属柿科（Ebenaceae）柿属（*Diospyros*），别名软枣、黑枣、牛奶柿。落叶乔木。树皮暗灰黑色或灰褐色，长方形小块状裂，幼枝灰色至灰褐色，芽先端尖，边缘有毛。单叶，互生，叶近膜质，椭圆形至长椭圆形，叶柄长1厘米左右，有毛。花单性或两性，雌雄异株或杂性，花萼裂片4，三角形或半圆形，花柱短，柱头4裂，花红色或淡黄色。浆果球形或长椭圆形，径1.2~2厘米，果近球形或椭圆形，初熟淡黄色，后为蓝黑色，外被白色蜡层，有宿存花萼。花期4—5月，果期9—10月。

君迁子分布于辽宁、河南、河北、山西、陕西、甘肃、江苏、浙江、安徽、江西、湖南、湖北、贵州、四川、云南、西藏等省份。山东分布于各山区丘陵。

君迁子阳性树种，抗寒抗旱，耐瘠薄，广泛栽植作庭园树或行道树。其木材质硬，耐磨损，可作纺织木梭、雕刻、小用具等，又材色淡褐，纹理美丽，可作精美家具和文具。果实可入药，又可供制糖，酿酒，制醋，亦可制成柿饼。未熟果实可提制柿漆，供医药和涂料用。树皮可供提取单宁和制人造棉。

《本草纲目》记载："君迁之名，始见于左思《吴都赋》，而着其状于刘欣期《交州记》，名义莫详"。司马光《名苑》云："君迁子似马奶，即今牛奶柿也，以形得名。"崔豹《古今注》云："牛奶柿即软枣，叶如柿，子亦如柿而小。"

济宁市邹城市孟庙君迁子

种名： 君迁子

学名： *Diospyros lotus* L.

科属： 柿科 Ebenaceae 柿属 *Diospyros*

树龄： 900 年

位置信息： 北纬 35.389966 东经 116.968222

此树位于济宁市邹城市千泉街道孟庙承圣门院内。树高8.7米，胸径64.6厘米，平均冠幅8.3米。

木香

木香（*Rosa banksiae* Ait.）隶属蔷薇科（Rosaceae）蔷薇属（*Rosa*），别名木香花。落叶或半常绿攀缘小灌木。小枝有短小皮刺，老枝上的皮刺较大，坚硬。羽状复叶，互生，具小叶3~5，小叶片椭圆状卵形或长圆披针形，先端急尖或稍钝，基部近圆形或宽楔形，小叶柄和叶轴有稀疏柔毛和散生小皮刺。伞状花序，花梗2~3厘米，无毛，萼片5，全缘，花瓣白色或黄色，花小，多朵成伞形花序，花瓣重瓣至半重瓣。花期4—7月，果期10月。

木香花分布于四川、云南。山东各地有栽培。

木香花著名观赏植物，常栽培供攀缘棚架之用。花密，色艳，香浓，是极好的垂直绿化材料，具有较高的园艺价值。根可作为中药使用。

菏泽市牡丹区香禅寺木香花

种名： 木香

树龄： 300 年

学名： *Rosa banksiae* Ait.

位置信息： 北纬 35.283245 东经 115.492191

科属： 蔷薇科 Rosaceae 蔷薇属 *Rosa*

此树位于菏泽市牡丹区牡丹街道香禅寺大雄宝殿院内。树高11米，胸径73.2厘米，平均冠幅10.5米。

曹州牡丹园禅香寺内木香花为清代进士李良谟（菏泽市牡丹区李村集人）名登金榜后，返乡所种，借以自勉。另据《曹州府志》载，李良谟乃清康熙二十六年（公元1687年）丁卯科举人，清康熙三十年（公元1691年）辛未科进士，曾任礼部主事等职，李良谟为官清正廉洁，流芳后世，名传遐迩。

木瓜

木瓜【*Chaenomeles sinensis*（Thouin）Koehne】隶属蔷薇科（Rosaceae）木瓜属（*Chaenomeles*）。落叶小乔木。树皮灰色，成片状脱落。小枝无刺，圆柱形，紫褐色。冬芽半圆形，先端圆钝，无毛，紫褐色。单叶，互生，叶片革质，叶片椭圆卵形或椭圆长圆形，先端急尖，基部宽楔形或圆形，边缘有刺芒状尖锐锯齿，齿尖有腺。花单生于叶腋，淡粉红色，果实长椭圆形，暗黄色，木质，味芳香。梨果长圆状卵形，熟时暗黄色，果皮光滑，木质，有浓香气。花期4—5月，果期9—10月。

木瓜分布于山东、陕西、河南、湖北、江西、安徽、江苏、浙江、广东、广西等省份。山东各地栽培。

木瓜树姿优美，花簇集中，花量大，花色美，是城市绿化和园林观赏树种。具有重要的药用、食用及保健价值。

烟台市莱山区定国寺“李世民手植木瓜”

种名：木瓜

树龄：1500 年

学名：*Chaenomeles sinensis* (Thouin) Koehne

位置信息：北纬 37.350366 东经 121.443620

科属：蔷薇科 Rosaceae 木瓜属 *Chaenomeles*

此树位于烟台市莱山区解甲庄街道林家疃定国寺。树高9米，胸径60.5厘米，平均冠幅7.8米。此树已挂牌，周围为农田，杂草和灌木丛生，无特殊保护措施。

定国讲院建于初唐，定国即定国安邦之意。唐天授年间，此院设考场，定期为朝廷遴选贤良，至金代将院改为寺，即现在称谓定国寺。元至治三年（公元1323年）定国寺扩建。清光绪年间废寺兴学，将其改为普济公学。传说唐李世民在此栽植了三棵树：银杏、木瓜、木枇，1949年后修水库将银杏、木枇砍伐，只剩木瓜。

临沂市兰陵县兰陵镇木瓜

种名： 木瓜　　**树龄：** 570 年

学名： *Chaenomeles sinensis* (Thouin) Koehne　　**位置信息：** 北纬 34.731600 东经 117.925100

科属： 蔷薇科 Rosaceae 木瓜海棠属 *Chaenomeles*

此树位于临沂市兰陵县兰陵镇迦西村。树高6米，胸径90厘米，平均冠幅4米。

相传是明正统十四年（公元1449年）孙氏举人所栽，当年栽时，为东西一字四株，其中一株何年死亡已无考究，此三株树高6~8.5米，胸径86~90厘米，平均冠幅4米，枝叶茂盛，果实累累，经久不衰，让人叹为观止。

贴梗海棠

贴梗海棠【*Chaenomeles speciosa*(Sweet)Nakai】隶属蔷薇科（Rosaceae）木瓜属（*Chaenomeles*），正名皱皮木瓜。落叶灌木，枝条直立开展，有刺。叶片卵形至椭圆形，稀长椭圆形，草质。花先叶开放，簇生于二年生老枝上，重瓣及半重瓣，猩红色，稀淡红色或白色。果实球形或卵球形，黄色或带黄绿色，味芳香。花期3—5月，果期9—10月。

贴梗海棠分布于陕西、甘肃、四川、贵州、云南、广东。山东各地栽培。

贴梗海棠早春先花后叶，美丽，枝密多刺可作绿篱。果实干制后入药。

青岛市崂山区北宅街道贴梗海棠

种名：贴梗海棠

树龄：130 年

学名：*Chaenomeles speciosa* (Sweet) Nakai

位置信息：北纬 36.240290 东经 120.571593

科属：蔷薇科 Rosaceae 木瓜属 *Chaenomeles*

此树位于青岛市崂山区北宅街道卧龙社区青远山庄。树高2.2米，胸径13厘米，平均冠幅2.2米。

山楂

山楂（*Crataegus pinnatifida* Bge.）隶属蔷薇科（Rosaceae）山楂属（*Crataegus*），别名酸楂。落叶乔木。树皮暗灰色或灰褐色，浅纵裂，小枝圆柱形，紫褐色，无毛或近无毛。单叶，互生，叶片宽卵形或三角状卵形，通常两侧各有3~5个羽状深裂片，边缘有尖锐稀疏不规则重锯齿。花萼筒钟状，萼片5，花瓣5，白色。梨果近球形，熟时红色或橙红色，有白色或褐绿色的皮孔点，具3~5骨质核，核两内侧面平滑。果实近球形或梨形，深红色，有浅色斑点。花期5—6月，果期9—10月。

山楂分布于山东、山西、河北、河南、陕西等北方地区。

山楂秋季红果累累，经久不凋，颇为美观，常栽培为观赏树。果可生吃或做果脯果糕，干制后可入药，是中国特有的药果兼用树种。果酸甜可口，可生吃或制作成果酱、山楂糕、山楂片、果丹皮、冰糖葫芦等美食。

传说南宋绍熙年间，宋光宗最宠爱的贵妃生了怪病，不思饮食，御医久治无效，日渐病重，无奈张榜招医。一江湖郎中揭榜进宫，在为贵妃诊脉后开方：将棠球子（即山楂）与红糖煎熬，每饭前吃5~10枚，服用半月。贵妃按此方服用如期病愈。此方传到民间，老百姓又把它串起来卖，就成了冰糖葫芦。

临沂市费县石井镇山楂

种名： 山楂

树龄： 420 年

学名： *Crataegus pinnatifida* Bge.

位置信息： 北纬 35.075116 东经 117.654397

科属： 蔷薇科 Rosaceae 山楂属 *Crataegus*

此树位于临沂市费县石井镇大安村西山胡家村。树高10米，胸径110.8厘米，平均冠幅9.4米。

山楂基部多分枝，树冠呈伞状。生长于丘陵地，近年来长势稍弱，能正常开花结实。费县是山楂的原产地之一，北宋年间即有栽培，至今已有1000多年的栽培历史，此树为费县年龄最大的一棵山楂树，是名副其实的山楂树王。

榅桲

榅桲（*Cydonia oblonga* Mill.）隶属蔷薇科（Rosaceae）榅桲属（*Cydonia*），别名木梨。落叶小乔木。树皮灰褐色。小枝细弱，无刺，圆柱形，嫩枝密被绒毛，以后脱落，紫红色；二年生枝条无毛，紫褐色，有稀疏皮孔。叶片卵形至长圆形。花单生，花瓣倒卵形，白色。果实梨形，密被短绒毛，黄色，有香味。花期4—5月，果期10月。

榅桲在晋代被引入中国，广泛种植于新疆天山以南部分区域，新疆、陕西、江西、福建等地有栽培。山东临沂、菏泽、泰安、青岛、淄博等地有栽培。实生苗可作苹果和梨类砧木。

榅桲耐修剪、适宜作绿篱，花开满树粉红花冠，香气袭人。果实金黄、芳香，味酸可供生食或煮食，供药用，用于心血管病、支气管哮喘、咳嗽等的治疗。

泰安市东平县沙河站镇榅桲

种名：榅桲

树龄：400 年

学名：*Cydonia oblonga* Mill.

位置信息：北纬 35.821100 东经 116.417700

科属：蔷薇科 Rosaceae 榅桲属 *Cydonia*

此树位于泰安市东平县沙河站镇董堂村李世山老宅内。树高6.2米，胸径69厘米，平均冠幅4米。

临沂市平邑县流峪镇榅桲

种名： 榅桲

树龄： 600 年

学名： *Cydonia oblonga* Mill.

位置信息： 北纬 35.221940 东经 115.945280

科属： 蔷薇科 Rosaceae 榅桲属 *Cydonia*

此树位于临沂市平邑县流峪镇赤梁院分场。树高7.6米，胸径102厘米。

枇杷

枇杷【*Eriobotrya japonica*（Thunb.）Lindl.】隶属蔷薇科（Rosaceae）枇杷属（*Eriobotrya*）。常绿小乔木。树皮灰黑色，不裂。小枝粗壮，黄褐色，密生锈色或灰棕色绒毛。单叶，互生，叶片披针形、倒披针形、倒卵形或椭圆状长圆形，叶片革质，先端急尖或渐尖，上部边缘有疏锯齿，基部全缘。圆锥花序顶生，总花梗和花梗密生锈色绒毛，花白色。梨果球形或长圆形，熟时黄色或橘黄色，初有毛，后脱落，有宿存花萼。具种子1~5，种子球形或扁球形，褐色，有光泽，种皮纸质。花期8—10月，果在山东罕见。

枇杷分布于甘肃、陕西、河南、江苏、安徽、浙江、江西、湖北、湖南、四川、云南、贵州、广西、广东、福建、台湾。山东各地广泛栽培，临沂泰安、枣庄、日照、青岛、菏泽、济宁、济南有栽培。

枇杷喜光，稍耐阴，喜温暖气候，稍耐寒，不耐严寒，平均温度12~15℃以上，冬季不低于-5℃。枇杷为南方重要的经济树种，蜜源植物。枇杷味道甜美，营养丰富，鲜食，制罐头，酿酒。枇杷的叶、果和核都含有扁桃苷，可入药。

青岛市市南区八大关街道枇杷

种名： 枇杷

树龄： 106 年

学名： *Eriobotrya japonica* (Thunb.) Lindl.

位置信息： 北纬 36.061551 东经 120.327858

科属： 蔷薇科 Rosaceae 枇杷属 *Eriobotrya*

此树位于青岛市市南区八大关街道大学路7号青岛美术馆。树高9.2米，胸径30.9厘米，平均冠幅8.7米。

湖北海棠

湖北海棠【*Malus hupehensis*（Pamp.）Rehd.】隶属蔷薇科（Rosaceae）苹果属（*Malus*），别名甜茶果。落叶乔木树皮灰褐色至暗褐色，平滑或略粗糙。小枝紫色或紫褐色，幼时有短柔毛，不久脱落，冬芽卵形，暗紫色。单叶，互生，叶片卵形至卵状椭圆形，羽状脉，托叶条状披针形，早落。伞房花序花梗细弱下垂，无毛或有稀疏毛，花萼筒无毛，萼片5，三角状卵形，花瓣倒卵形，粉白色或近白色。梨果球形，熟时红色，黄绿色稍带红晕，果梗长2~4厘米。花期4—5月，果期8—9月。

湖北海棠分布于湖北、湖南、江西、江苏、浙江、安徽、福建、广东、甘肃、陕西、河南、山西、山东、四川、云南、贵州。山东分布于鲁中南及胶东山区丘陵。

湖北海棠是优良绿化观赏树种。其干皮、枝条、嫩梢、幼叶、叶柄等部位均呈紫褐色，花蕾时粉红，开后粉白，小果红色。另外，其嫩叶代茶，根可入药，亦可做苹果的砧木，经济价值高。

日照市东港区湖北海棠

种名： 湖北海棠

树龄： 330 年

学名： *Malus hupehensis* (Pamp.) Rehd.

位置信息： 北纬 35.426286 东经 119.456084

科属： 蔷薇科 Rosaceae 苹果属 *Malus*

此树位于日照市东港区日照街道丽阳社区东港区政府院内，共2株。东侧为子株；西侧一株树高13.9米，胸径79.6厘米，平均冠幅14.8米。

院内两株海棠相邻而栖，此株此树位于西侧，栽植于清康熙年间。据说在日照经历了一场历时四年的地震之后，灾后重建时栽植，从济南珍珠泉移植而来。栽种的位置是在当时县衙二堂之后、三堂之前。如此古老而生机勃发的海棠，不仅在日照绝无仅有，在全国也是十分罕见的。有学者曾评价其在树龄、树势、开花三方面为全国第一。

平邑甜茶

平邑甜茶【*Malus hupehensis*（Pamp.）Rehd. var. *mengshanensis* G. Z. Qian et W. H. Shao】隶属蔷薇科（Rosaceae）苹果属（*Malus*），湖北海棠变种。落叶小乔木。树势强健，树姿开张，多为圆头形。主干深褐色，有纵裂纹，新梢黄褐色。叶较大，边缘具粗大稍顿的锯齿，侧脉5~6对，近直线型。萼齿披针形，长于萼筒。花蕾粉红色，花开后白色。果实扁圆形，底色淡黄，阳面鲜红，有秀色小斑点。花期4—5月，果期10月。

平邑甜茶为山东特有树种，分布于山东蒙山。

平邑甜茶可以用于观赏、种质资源开发及苹果砧木等。果实可以酿酒。

临沂市费县塔山林场平邑甜茶王

种名： 平邑甜茶

学名： *Malus hupehensis* (Pamp.) Rehd. var. *mengshanensis* G. Z. Qian et W. H. Shao

科属： 蔷薇科 Rosaceae 苹果属 *Malus*

树龄： 100 年

位置信息： 北纬 35.451241 东经 118.037160

此树位于临沂市费县南张庄乡塔山林场天蒙景区内。树高12米，胸径26厘米，平均冠幅6.4米。

西府海棠

西府海棠（*Malus* × *micromalus* Makino）隶属于蔷薇科（Rosaceae）苹果属（*Malus*），别名小果海棠。落叶小乔木。树皮灰褐色，干部浅块状裂，小枝圆柱形，细弱，紫红色或暗紫色，幼时被短柔毛，后脱落。单叶，互生，叶片薄纸质，叶椭圆形至长椭圆形，锯齿尖锐，基部渐狭成楔形，羽状脉，叶柄有梳毛或近无毛。花序有花4~7朵，集生于小枝顶端，花瓣5，长椭圆形或圆形，白色、粉红色或玫瑰红色，有时重瓣。果近球形，熟时多红色或黄色，基部及先端均凹陷，萼片脱落，少数宿存。花期4—5月，果期9月。

西府海棠分布于辽宁南部、河北、山西、山东、陕西、甘肃、云南，山东各地有栽培。

西府海棠可供绿化观赏，果可生吃及加工成果酱或罐头，在平原、海滩、微碱地常作为苹果的砧木。

据明代《群芳谱》记载："海棠有四品，皆木本。"这里所说的四品即西府海棠、垂丝海棠、木瓜海棠和贴梗海棠。

周恩来总理生前特别中意居所中南海西花厅的那棵海棠花，他过世之后，夫人邓颖超睹花思人写下了《西花厅的海棠花又开了》一文，回忆她与总理五十年来相依相伴的革命生涯。

东营市广饶县大王镇西府海棠

种名： 西府海棠

树龄： 300 年

学名： *Malus × micromalus* Makino

位置信息： 北纬 37.014852 东经 118.518879

科属： 蔷薇科 Rosaceae 苹果属 *Malus*

此树位于东营市广饶县大王镇于巷村。树高8.4米，胸径72.3厘米，平均冠幅6.7米。生长旺盛。

据村民于林甫说是其高祖父在清光绪年间亲手栽种。海棠前曾是一个大花园，里面种满了牡丹、海棠、冬青等植物，传到他这辈就只剩下这株海棠和树周边的这四块石头了。两三百年间房子不知翻新了多少回，可唯独这株海棠没动，在20多年前修整房子时还特意给它建了个花坛。这株海棠每年都会生长出徒长枝，而徒长枝每年都要进行裁剪，海棠树冠长到6米的高度实属不易。每年四五月份开花时，花繁叶茂，即使走在胡同里都能闻到清香。

济南市历下区大明湖街道西府海棠

种名： 西府海棠　　**树龄：** 948 年

学名： *Malus × micromalus* Makino　　**位置信息：** 北纬 36.667961 东经 117.019030

科属： 蔷薇科 Rosaceae 苹果属 *Malus*

此树位于济南市历下区大明湖街道办事处山东省人大常委会大院海棠园。树高9.6米，胸围330厘米，平均冠幅12米。

相传为宋代大文学家曾巩手植，为我国当今有据可查的最古老、生长旺盛的一株西府海棠，被誉为“北方海棠之冠”。据史书记载，曾巩于北宋熙宁五年至六年（公元1072年至公元1073年）任齐州知州（齐州即今济南），曾巩在济南任职时，曾在海棠园处建有别墅“名士轩”，并植有许多花草树木。1954年由院外移至院内树池，当时主干枯残，后又从树根处萌生幼枝，老树新干，枝繁叶茂，花开时节，香气宜人。

青岛市中国海洋大学西府海棠

种名：西府海棠

树龄：420 年

学名：*Malus × micromalus* Makino

位置信息：北纬 36.064409 东经 120.332897

科属：蔷薇科 Rosaceae 苹果属 *Malus*

此树位于青岛市市南区八大关街道中国海洋大学化学馆。树高9.6米，胸径34.8米，平均冠幅9.2米。

海棠花

海棠花【*Malus spectabilis* (Ait.) Borkh.】隶属蔷薇科（Rosaceae）苹果属（*Malus*），别名海棠。落叶乔木。树皮灰褐色，小枝粗壮，圆柱形，冬芽卵形，紫褐色，微被毛有数枚外露鳞片。叶片椭圆形至长椭圆形，先端短渐尖或圆钝，基部宽楔形或近圆形，边缘有紧贴细锯齿。花序近伞形，花白色，果实近球形，黄色。花期4—5月，果期8—9月。

海棠花分布于河北、陕西、江苏、浙江、云南等省份。山东普遍栽培。

海棠花自古以来是雅别共赏的名花，素有“花中神仙”“花贵妃”“花尊贵”之称，海棠花素有“国艳”之誉，在皇家园林中常与玉兰、牡丹、桂花相配植，形成“玉棠富贵”的意境。历代文人多有脍炙人口的诗句赞赏海棠，苏东坡曾写下名句“只恐夜深花睡去，故烧高烛照红妆”。陆游在成都期间更是写下了许多咏海棠的作品，他的《花时遍游诸家园》（十首）描述了赏海棠花的全过程，从花苞的“枝上猩猩血”到花谢时的“眼看胭脂吹作雪”。《红楼梦》全书中共描述了237种植物，海棠是其中最为作者寄情的花，“偷来梨蕊三分白，借得梅花一缕魂”黛玉曾如此形容花中仙子海棠。

海棠花姿潇洒，花开似锦，为著名观赏树种，多用于城镇绿化、美化。园艺变种有粉红色重瓣和白色重瓣。

淄博市淄川区太河镇海棠花

种名： 海棠花

树龄： 300 年

学名： *Malus spectabilis* (Ait.) Borkh.

位置信息： 北纬 36.396267 东经 118.160061

科属： 蔷薇科 Rosaceae 苹果属 *Malus*

此树位于淄博市淄川区太河镇纱帽村东北岭。树高9.8米，胸径100厘米，平均冠幅10.4米。

肥城市石横镇海棠花

种名： 海棠花

学名： *Malus spectabilis* (Ait.) Borkh.

科属： 蔷薇科 Rosaceae 苹果属 *Malus*

树龄： 400 年

位置信息： 北纬 36.151168 东经 116.529928

此树位于泰安市肥城市石横镇前衡鱼四村。树高11米，胸径23.57厘米，平均冠幅5.4米。

淄博市桓台县新城镇海棠花

种名： 海棠花

树龄： 200 年

学名： *Malus spectabilis* (Ait.) Borkh.

位置信息： 北纬 36.951532 东经 117.938099

科属： 蔷薇科 Rosaceae 苹果属 *Malus*

此树位于淄博市桓台县新城镇王渔洋故居。树高7.4米，胸径33厘米，平均冠幅7.2米。

杜梨

杜梨（*Pyrus betulifolia* Bge.）隶属于蔷薇科（Rosaceae）梨属（*Pyrus*），别名棠梨。乔木。树皮灰黑色，呈小方块装开裂，树冠开展，枝常具刺。单叶，互生，叶片菱状卵形至长圆卵形，先端渐尖，基部宽楔形，边缘有粗锐锯齿。伞形总状花序，花萼片5，三角状卵圆形，花瓣5，宽卵形，花白色。梨果近球形，熟时褐色，萼片脱落，在基部微有绒毛。花期4月，果期8—9月。

杜梨产于辽宁、河北、河南、山东、陕西、山西、甘肃、湖北等省份。山东各地零星分布。

杜梨抗干旱，耐寒凉，通常做各种栽培梨的砧木，结果期早，寿命很长。木材致密可做各种器物。树皮含鞣质，可提制栲胶并入药。

济宁市汶上县南旺镇杜梨

种名：杜梨

树龄：900 年

学名：*Pyrus betulifolia* Bge.

位置信息：北纬 35.564800 东经 116.395278

科属：蔷薇科 Rosaceae 梨属 *Pyrus*

此树位于济宁市汶上县南旺镇小店子一村村西杨树林内。树高16米，胸径146厘米，平均冠幅11.4米。

此树生长良好，树枝粗壮。树体高大，古朴苍劲，冠形优美，既无枯枝败叶，也无虫蛀洞穴。每年春天来临，百花开放，似片片白雪，煞是好看，整个树林都弥漫着梨花的芬芳。

聊城市东昌府区梁水镇杜梨

种名：杜梨

树龄：500 年

学名：*Pyrus betulifolia* Bge.

位置信息：北纬 36.626670 东经 115.769800

科属：蔷薇科 Rosaceae 梨属 *Pyrus*

此树位于聊城市东昌府区梁水镇孙路口村村西田内。树高8米，胸径75厘米，平均冠幅6米。

相传有一年此处百姓都得了怪病，无一例外。一天，有个村民走到杜梨树旁时感觉难受，就在树下休息，不知不觉睡着了，刚入睡，便梦见树上有一仙女，手拿一果飘然送入他嘴中，他顿感身体舒服，病情好转，这时仙女已远去，他连忙喊道："再给我一些果子，还有很多人需要救治呢！"，仙女说："那树上多得是"。醒来的这人就摘了很多果子给得病的村民吃，结果人们的病都好了。从此，百姓把此树视为神树，愈发爱护和尊敬。如今村民在树身上披红挂彩祈求身体健康，保佑村民安居乐业。

临沂市临沭县临沭街道杜梨

种名： 杜梨

树龄： 320 年

学名： *Pyrus betulifolia* Bge.

位置信息： 北纬 34.881862 东经 118.606093

科属： 蔷薇科 Rosaceae 梨属 *Pyrus*

此树位于临沂市临沭县临沭街道前琅琳子村大琅琳子郇氏祖坟院内。树高12米，胸径58.9厘米，平均冠幅15.1米。

据村子人介绍，此树自然萌芽于清康熙年间，位于郇氏十四氏坟前，保留至今。此树生长旺盛，枝繁叶茂，也预示着郇氏后人人丁兴旺，繁衍不息。

聊城市东昌府区道口铺街道杜梨

种名： 杜梨

树龄： 300 年

学名： *Pyrus betulifolia* Bge.

位置信息： 北纬 36.457900 东经 115.891700

科属： 蔷薇科 Rosaceae 梨属 *Pyrus*

此树位于聊城市东昌府区道口铺街道十八里村村南。树高10米，胸径90厘米，平均冠幅10米。

传说，古时村里人家穷得揭不开锅，没办法只能靠吃杜梨树叶充饥。一天一村民来到树下哭泣，突然觉得脚下有个很硬的东西，仔细一看原来是一枚铜钱，他用手挖了挖，又一把铜钱，于是他回家拿来了铁锹继续挖，却什么也没有。他用完了铜钱又来到树下随意用手挖了挖，又得到一把铜钱，再挖又什么也没有了，如此再三，那人突然醒悟，原来是杜梨树帮他渡过难关，于是他告诉了村里其他的穷人，来到这里的人都会得到一把铜钱，但不能多拿。人们富裕起来，就一起规定以后谁也不能在树下动土，把树看作神树并保护起来。如今，老百姓视此树为神树，不敢在树下动土。

白梨

白梨（*Pyrus bretschneideri* Rehd.）隶属蔷薇科（Rosaceae）梨属（*Pyrus*），别名罐梨、梨树。落叶乔木。树皮灰黑色，呈粗块状裂，树冠开展。小枝粗壮，圆柱形，嫩时密被柔毛；二年生枝紫褐色，具稀疏皮孔。冬芽卵形，先端圆钝或急尖，鳞片暗紫色。单叶，互生，叶片卵形或椭圆卵形，先端渐尖稀急尖，基部宽楔形，边缘有尖锐锯齿。伞形总状花序，花萼片5，三角形披针状，花瓣5，基部有爪。梨果卵形、倒卵形或近球形，熟时通常黄色或绿黄色，有细密斑点，萼片脱落，果梗3~4厘米。花期4月，果期8—9月。

白梨分布于河北、河南、山东、山西、陕西、甘肃、青海。山东各地果园普遍栽培。夏津县存有白梨古树群。

白梨果肉脆甜，品质好，适于生吃，还可制成梨膏，有清火润肺的功效。木材褐色，致密，是雕刻、家具及装饰良材。亦适于园林绿化应用。

白梨果实品质好，山东的茌梨、窝梨、鹅梨、坠子梨和长把梨等，河北的鸭梨、蜜梨、雪花梨、象牙梨和秋白梨等，山西的黄梨、油梨、夏梨和红梨等均属于本种的重要栽培品种。其中以鸭梨和莱阳慈梨最为著名，已被引种到世界上许多国家，并经常被作为中国梨的代表广泛用做试验材料。关于鸭梨，山东阳信流传着这样的故事，很久以前，天上的仙女经常下凡到梨园一带美丽的清波湖游玩。一次，七仙女在天宫果园偷摘了王母的仙梨，带到湖畔享用，把仙梨核种在了湖畔，几个春秋便硕果累累、枝繁叶茂。后来担心王母知道后惩罚她们，恰好看到湖面一群鸭子，便有了主意，把仙梨的颈部变成鸭子头，这样就看不出它是天上之物了，须臾间，仙梨变鸭梨，阳信鸭梨由此被誉为人间仙果。

菏泽市曹县青堌集白梨

种名： 白梨

树龄： 200 年

学名： *Pyrus bretschneideri* Rehd.

位置信息： 北纬 34.600551 东经 115.742099

科属： 蔷薇科 Rosaceae 梨属 *Pyrus*

此树位于菏泽市曹县青堌集镇唐庄村南百年梨园内。树高8.5米，胸径46厘米，平均冠幅10.5米。

德州市夏津县苏留庄镇“梨树王”

种名： 白梨

树龄： 1000 年

学名： *Pyrus bretschneideri* Rehd.

位置信息： 北纬 37.047691 东经 116.142430

科属： 蔷薇科 Rosaceae 梨属 *Pyrus*

此树位于德州市夏津县苏留庄镇义和庄。树高4.5米，胸径57.3厘米，平均冠幅9.6米。

此树为香雪园的精品——梨树王，历经千年的风雨洗礼，依然挺拔苍翠，枝繁叶茂，见证了梨园的历史变迁。

聊城市冠县兰沃乡“梨树王”

种名： 白梨

树龄： 390 年

学名： *Pyrus bretschneideri* Rehd.

位置信息： 北纬 36.587854 东经 115.613797

科属： 蔷薇科 Rosaceae 梨属 *Pyrus*

此树位于聊城市冠县兰沃乡韩路村冠州梨园。树高 12.2 米，胸径 66.8 厘米，平均冠幅 14 米。

相传刘秀率文武百官来到梨园，走到一棵高大的梨树下，突然掉下来一个梨，于是，命人摘下来一个梨，顿觉满口生津，唇齿溢香，刘秀赞道：“此树乃梨之王也。”

北侧还有一株“梨王后”，据传是康熙年间，由当地王氏第八世祖王泰在旧址重新育植的，迄今也有300多年了。树高3.6米，胸径183厘米，平均冠幅12.8米。此树开花与结果量，只有“梨树王”能与之媲美。

济南市商河县殷巷镇“梨树王”

种名：白梨

树龄：400 年

学名：*Pyrus bretschneideri* Rehd.

位置信息：北纬 37.407875 东经 117.105798

科属：蔷薇科 Rosaceae 梨属 *Pyrus*

此树位于济南市商河县殷巷镇李桂芬村李桂芬梨园内。树高3.4米，胸径49.5厘米，平均冠幅8.2米。

清康熙年间，在商河县仁厚乡（今殷巷镇）一户人家生下男孩取名李桂芬，祖上就是京城御苑里专门看护梨园的管家，告老还乡之际把京城御苑里上好的鸭梨苗木带回，精心养护。李桂芬从小在梨园长大，不但对梨园感情深厚，也成了种梨的行家里手。他的梨园产量多，品质好，成为必选的进京贡品。清康熙十九年（公元1680年），眼看着梨园就要收获，一天晚上，江湖土贼“三毛眼”一众来梨园打劫，不仅糟蹋梨园，三毛眼还要砍掉最大的梨树为自己打制座椅，李桂芬在保护“梨王”时被土贼砍死。

来年春天，李桂芬家梨园里那棵梨王根部又长出了新苗，渐渐长成大树，成熟的梨子比以前更加甜美。这年秋天康熙皇帝南巡路过德州，有地方官员把这棵树上的梨子呈上，皇帝赞不绝口，听到梨树死而复生的事后，当即口谕敕封“李桂芬梨”，李桂芬梨从此名扬四海。后来，这个村改叫李桂芬村，这株400年以上树龄的“梨树王”，仍年年结果，兴旺不衰。

日照市东港区白梨

种名： 白梨

树龄： 300 年

学名： *Pyrus bretschneideri* Rehd.

位置信息： 北纬 35.544704 东经 119.374954

科属： 蔷薇科 Rosaceae 梨属 *Pyrus*

此树位于日照市东港区南湖镇大宅科村东山。树高5.7米，胸径47.7厘米，平均冠幅8.8米。

豆梨

豆梨（*Pyrus calleryana* Dcne.）隶属于蔷薇科（Rosaceae）梨属（*Pyrus*）。落叶乔木。树皮褐灰色，粗块状列，小枝粗壮，灰褐色，嫩时稍被绒毛，后脱落。单叶，互生，叶片宽卵形至卵形，边缘有钝锯齿，两面无毛。伞形总状花序，白色。梨果球形，黑褐色，有斑点。花期4月，果期8—9月。

豆梨原产于华北、华南各地，有若干变种。山东鲁中南及胶东山地丘陵分布，各地有栽培。

豆梨是优良绿化树种，可作为嫁接西洋梨的砧木。根、叶有药用价值，果实可健胃，止痢等功能。

济宁市微山县昭阳街道豆梨

种名：豆梨

树龄：150 年

学名：*Pyrus calleryana* Dcne.

位置信息：北纬 34.766715 东经 117.125823

科属：蔷薇科 Rosaceae 梨属 *Pyrus*

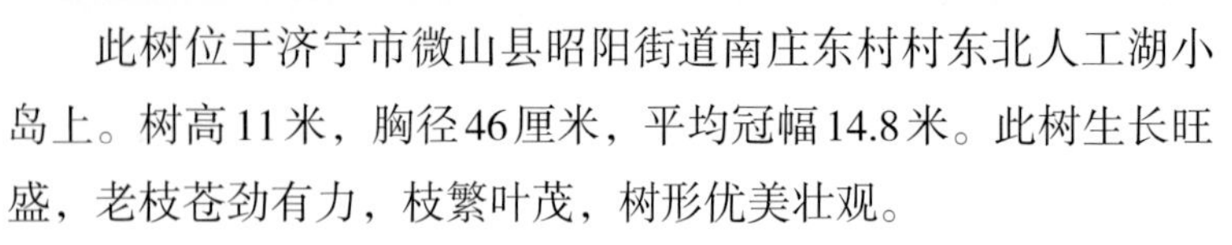

此树位于济宁市微山县昭阳街道南庄东村村东北人工湖小岛上。树高11米，胸径46厘米，平均冠幅14.8米。此树生长旺盛，老枝苍劲有力，枝繁叶茂，树形优美壮观。

砂梨

砂梨【*Pyrus pyrifolia*（Burm. f.）Nakai】隶属蔷薇科（Rosaceae）梨属（*Pyrus*），别名酥梨、雪梨、沙梨。落叶乔木。树皮褐黄色，二年生枝紫褐色或暗褐色，具稀疏皮孔，冬芽长卵形，托叶条状披针形，全缘，有长柔毛。单叶，互生，叶片卵状椭圆形或卵形，边缘有刺芒锯齿。伞形总状花序，花萼片5，三角状卵形，花瓣5，圆卵形，基部有爪，花白色。果实近球形，浅褐色，有浅色斑点，种子卵形，微扁，深褐色。花期4月，果期8月。

砂梨分布于安徽、江苏、浙江、江西、湖北、湖南、贵州、四川、云南、广东、广西、福建。山东各地栽培。

砂梨为中国栽培梨的基本种，栽培品种多为此种改良而来，也是庭园观赏树种，长江流域和珠江流域各地广泛栽培。（我国例如安徽宣城的雪梨、砀山的酥梨、浙江湖州的鹅蛋梨、诸暨的黄章梨等。果实、果皮、根可入药。

菏泽市巨野县麒麟镇砂梨

种名： 砂梨

学名： *Pyrus pyrifolia* (Burm. f.) Nakai

科属： 蔷薇科 Rosaceae 梨属 *Pyrus*

树龄： 160 年

位置信息： 北纬 35.353336 东经 116.141894

此树位于菏泽市巨野县麒麟镇东鲍村。树高7.1米，胸径33厘米，平均冠幅5.1米。属个人所有，保护条件较差，生长状况一般。

水榆花楸

水榆花楸【*Sorbus alnifolia*（Sieb. et Zucc.）K. Koch】隶属蔷薇科（Rosaceae）花楸属（*Sorbus*），别名水榆。落叶乔木或大灌木，树皮暗灰褐色，平滑不裂。小枝圆柱形，具灰白色皮孔，幼时微具柔毛；二年生枝暗红褐色，老枝暗灰褐色，无毛。单叶，互生，叶片卵形至椭圆卵形，缘有不整齐的单锯齿或重锯齿，羽状脉。复伞房花序较疏松，具花6~25朵，花萼筒钟状，萼片5，三角形，花瓣5，卵形或近圆形。梨果果实椭圆形或卵形，熟时红色或黄色。花期5月，果期8—9月。

水榆花楸分布于黑龙江、吉林、辽宁、河北、河南、陕西、甘肃、山东、安徽、湖北、江西、浙江、四川。山东分布于鲁中南、胶东山地丘陵。

水榆花楸树冠圆锥形，秋季叶片转变成猩红色，为美丽观赏树。木材供作器具、车辆及模型用，树皮可作染料，纤维可供造纸原料。

潍坊市临朐县蒋峪镇水榆花楸

种名： 水榆花楸

树龄： 100 年

学名： *Sorbus alnifolia* (Sieb. et Zucc.) K. Koch

位置信息： 北纬 36.201723 东经 118.616670

科属： 蔷薇科 Rosaceae 花楸属 *Sorbus*

此树位于潍坊市临朐县蒋峪镇沂山林场歪头崮。树高 7.2 米，胸径 26 厘米，平均冠幅 8.4 米。

烟台市昆嵛山林场水榆花楸

种名：水榆花楸

学名：*Sorbus alnifolia* (Sieb. et Zucc.) K. Koch

科属：蔷薇科 Rosaceae 花楸属 *Sorbus*

树龄：100 年

位置信息：北纬 37.255722 东经 121.753916

此树位于烟台市昆嵛山林场寒风岭。树高 11.5 米，胸径 36.6 厘米，平均冠幅 12.9 米。

杏

杏（*Armeniaca vulgaris* Lam.）隶属蔷薇科（Rosaceae）杏属（*Armeniaca*）。落叶乔木，树皮暗灰褐色，浅纵裂。叶互生，阔卵形或圆卵形，边缘有钝锯齿，近叶柄顶端有二腺体。单叶，互生，叶片圆形或卵状圆形，缘有圆钝锯齿，羽状脉。花单生或2~3个同生，萼片5，花瓣5，白色或浅红色。核果圆、长圆或扁圆形，白色、黄色至黄红色，向阳部常具红晕和斑点，种子扁球形，种仁味苦或甜。花期3月，果期6—7月。

杏原产于中国新疆，是中国最古老的栽培果树之一。产中国各地，多数为栽培，尤以华北、西北和华东地区种植较多。山东各地分布，普遍栽培。新疆伊犁一带野生成纯林或与新疆野苹果林混生。

杏喜光，耐旱，抗寒，抗风，适应性强，是重要经济果树树种，为低山丘陵地带的主要栽培果树。果肉酸甜，可生吃，也可加工成罐头及杏干。杏树木质地坚硬，可做家具，叶可做饲料。

杏花有变色的特点，含苞待放时，朵朵艳红，随着花瓣的伸展，色彩由浓渐渐转淡，到谢落时就成雪白一片。宋代诗人杨万里的咏杏五绝："道白非真白，言红不若红。请君红白外，别眼看天工。"南宋叶绍翁也有"春色满园关不住，一枝红杏出墙来"描述杏花之美。

德州市夏津县苏留庄镇杏

种名： 杏

树龄： 400 年

学名： *Armeniaca vulgaris* Lam.

位置信息： 北纬 37.028970 东经 116.102181

科属： 蔷薇科 Rosaceae 杏属 *Armeniaca*

此杏树群位于德州市夏津县苏留庄镇前屯村李郃固，共有3株，其中最大的一株树高9.9米，胸径55.1厘米，平均冠幅14米。生长良好。

樱桃

樱 桃【*Cerasus pseudocerasus*（Lindl.）G. Don】隶属蔷薇科（Rosaceae）樱属（*Cerasus*），别名中国樱桃。落叶乔木。树皮灰白色，小枝灰褐色，嫩枝绿色。单叶，互生，叶片卵形或长圆状卵形，先端渐尖或尾状渐尖，基部圆形，边有尖锐重锯齿，齿端有小腺体。花序伞房状，有花3~6朵，先叶开放。核果卵形或近球形，熟时鲜红色或橘红色，核近球形，光滑或有皱状及疣点状突起。花期3—4月，果期5—6月。

樱桃广泛分布于全国各地，山东普遍栽培。全国各地还存有不少樱桃古树。河南新安县有一处樱桃沟，长约17千米，现存树龄千年以上的樱桃树有30棵，百年以上的有500余棵。湖北保康县横冲原始森林中有一野生樱桃古树群，有100余棵樱桃古树。山东青岛、烟台、临沂、泰安等地尚存部分百年古树。

樱桃树姿秀丽，花朵清香、果实璀璨晶莹。古书《礼记》已有记载，是我国最为重要和古老的栽培果树之一。果实供食用，也可酿樱桃酒。枝、叶、根、花可供药用。明代药物学家李时珍在《本草纲目》中记载，樱桃有益气、祛风湿、透疹、解毒等多种药效。

樱桃因其先百果而熟，口味纯正，品相美丽，所以闻名遐迩，在古代成为进贡首选。也常被皇帝用来赏赐重臣，唐代诗人中王维、韩愈、张籍、白居易等曾获此厚遇。历代文人墨客也都纷纷为之吟诗作赋，据考证，关于樱桃的诗句，现存最早的是西汉司马相如的名篇《上林赋》。

泰安市新泰市天宝镇樱桃

种名： 樱桃

树龄： 300 年

学名： *Cerasus pseudocerasus* (Lindl.) G. Don

位置信息： 北纬 36.025626 东经 117.348105

科属： 蔷薇科 Rosaceae 樱属 *Cerasus*

此树位于泰安市新泰市天宝镇年家峪村。树高9米，胸径61厘米，平均冠幅11.6米。为村民个人管理，每年仍能形成产量。

临沂市蒙阴县野店镇樱桃

种名： 樱桃

树龄： 200 年

学名： *Cerasus pseudocerasus* (Lindl.) G. Don

位置信息： 北纬 35.832206 东经 118.012097

科属： 蔷薇科 Rosaceae 樱属 *Cerasus*

此树位于临沂市蒙阴县野店镇樱桃峪寨后万村中。树高6米，胸径30厘米，平均冠幅10.8米。目前，为个人管理。

日照市五莲县松柏镇樱桃

种名： 樱桃

树龄： 120 年

学名： *Cerasus pseudocerasus* (Lindl.) G. Don

位置信息： 北纬 35.693937 东经 119.278249

科属： 蔷薇科 Rosaceae 樱属 *Cerasus*

此树位于日照市五莲县松柏镇韩家口子村南沟。树高5.5米，胸径60厘米，平均冠幅7.3米。目前，为村民个人管理。

合欢

合欢（*Albizia julibrissin* Durazz.）隶属豆科（Fabaceae）合欢属（*Albizia*）。别名夜合树、绒花树、马缨花。落叶乔木。树皮灰褐色，小枝褐绿色，皮孔黄灰色。二回羽状复叶，互生，羽片对生，小叶对生。头状花序，多数，伞房状排列，腋生或顶生，子房上位。荚果条形扁平，基部短柄状，幼时有毛，熟时无毛，褐色。花期6—7月，果期9—10月。

合欢分布于华东、华南、西南，以中国黄河流域至珠江流域各地为主。山东各地普遍栽培。

合欢喜光，耐寒、耐旱、耐土壤瘠薄及轻度盐碱，抗性较强。夏季开花，如绒簇，优美可爱，常植为城市行道树、观赏树。木材红褐色，纹理直，结构细，干燥时易裂，可制家具、枕木等。树皮可提制栲胶，亦可供药用，嫩叶可食。

合欢花在我国是吉祥之花，认为"合欢蠲（音juān，免除）忿（消怨合好）"，自古以来人们就有在宅第园池旁栽种合欢树的习别，寓意夫妻和睦，家人团结，对邻居心平气和，友好相处。清人李渔曾写道："萱草解忧，合欢蠲忿，皆益人情性之物，无地不宜种之……凡见此花者，无不解愠成欢，破涕为笑，是萱草可以不树，而合欢则不可不栽。"

菏泽市曹县阎店楼合欢

种名：合欢

树龄：450 年

学名：*Albizia julibrissin* Durazz.

位置信息：北纬 34.733744 东经 115.534414

科属：豆科 Fabaceae 合欢属 *Albizia*

此树位于菏泽市曹县阎店楼镇土山集村汤王墓。树高20米，胸径57.3厘米，平均冠幅14.5米。

史载“汤革夏命”后，在位三十年，死后葬于涂山（今曹县土山遗址）之阳。陵前有汤庙，配有东西庑、前殿和大殿，十分壮观。宋朝、明朝多次重修，但后来均毁于战火、水患之中。商汤墓冢前竖“商成汤王陵”石碑，历代重修汤陵碑刻，由于战争破坏，仅存清康熙十二年（公元1673年）和清乾隆三十六年（公元1771年）“重修汤陵碑记”立于左右，记录了历次维修汤陵的情况。合欢树于明嘉靖年间重修汤王墓时栽种。

山皂荚

山皂荚（*Gleditsia japonica* Miq.）隶属豆科（Fabaceae）皂荚属（*Gleditsia*），别名山皂角。落叶乔木或小乔木。小枝紫褐色或脱皮后呈灰绿色，微有棱。偶数羽状复叶，小叶柄极短，边缘具细锯齿，稀全缘。穗状花序，腋生或顶生，雌雄异株，花瓣4，椭圆形。荚果带形，扁平，不规则旋扭或弯曲作镰刀状。种子多数，椭圆形，深棕色，光滑。花期5—6月，果期6—10月。

山皂荚分布于我国辽宁、河北、山东、河南、江苏、安徽、浙江、江西、湖南等地。山东各地分布或栽培。

山皂荚喜光，适应性较强，耐干旱瘠薄。山皂荚是集观花、观叶、观果于一体的园林植物，也常用于干旱土坡，营造防护林。其木材坚实，心材带粉红色，色泽美丽，纹理粗，可作建筑、器具、支柱等用材。山皂荚提取物在医药产业、化学工业、食品工业、日用品及临床方面均有应用。荚果含皂素，可代肥皂、可作染料，刺、种子可入药，嫩叶可食。

烟台市龙口市北马镇山皂荚

种名： 山皂荚

树龄： 150 年

学名： *Gleditsia japonica* Miq.

位置信息： 北纬 37.639434 东经 120.355134

科属： 豆科 Fabaceae 皂荚属 *Gleditsia*

此树位于烟台市龙口市北马镇河源村（原大吕家村246号）。树高7.8米，胸径53.2厘米，平均冠幅11.5米。为个人所有，缺乏管理，树冠偏斜。

皂荚

皂荚（*Gleditsia sinensis* Lam.）隶属豆科（Fabaceae）皂荚属（*Gleditsia*），别名皂角。落叶乔木。树皮暗灰或灰黑色，粗糙，枝刺粗壮，圆柱形。小枝为回羽复状叶，叶卵形或倒卵形，边缘具钝齿，中脉被毛，边缘有锯齿。总状花序，腋生或顶生，花杂性，花萼筒钟状，萼齿4，花白色。荚果带状，劲直或弯曲，果肉稍厚，种子多数。花期4—5月，果期10月。

皂荚分布北起河北、山西，南达广东、广西，西至陕西、甘肃，在西南地区分布相对集中。山东各地有分布及栽培。

皂荚是中国特有植物，喜光、耐热、耐寒、耐干旱瘠薄，适应性强，具有固氮性能，为优良生态、用材、药用和观赏绿化树种。皂荚经济与生态价值早在古代就被人们所熟知，在南朝乐府民歌《西洲曲》“日暮伯劳飞，风吹乌臼树”的诗句中，“乌臼树”，即为皂荚树，古时人们常用皂角当肥皂，皂角富含皂素，可供洗濯之用，是肥皂的代用品。可提取多种化工原料，用于洗涤染化用品等，皂荚种子含胶量高达30%~40%，且含有丰富的粗蛋白、聚糖，含油量超过大豆。其木材坚实，耐腐耐磨，黄褐色或杂有红色条纹，可用于制作工艺品、家具。荚果、种子、枝刺等均可入药。

枣庄市滕州市柴胡店镇皂荚

种名： 皂荚

树龄： 1200 年

学名： *Gleditsia sinensis* Lam.

位置信息： 北纬 34.863109 东经 117.206437

科属： 豆科 Fabaceae 皂荚属 *Gleditsia*

此树位于枣庄市滕州市柴胡店镇郝庄村内。树高 13 米，胸径 124.4 厘米，平均冠幅 12.7 米。据传，此树为唐大历年间栽种。

菏泽市成武县白浮图镇皂荚

种名： 皂荚

树龄： 730 年

学名： *Gleditsia sinensis* Lam.

位置信息： 北纬 34.980801 东经 116.083917

科属： 豆科 Fabaceae 皂荚属 *Gleditsia*

此树位于菏泽市成武县白浮图镇戚庄村西首。树高15米，胸径146.5厘米，平均冠幅15.1米。

其径之粗，冠之大，在当今同一树种中，实属罕见。树干由于自然原因早已中空，可容纳一壮年男子栖身其中，侧干空隙也可容一少年躺卧，虽是这样，其生长依然十分旺盛，郁郁葱葱。树干像一把巨伞遮天蔽日，雄伟壮观，据考证，此树应栽于元朝末年。因树的形态怪异，造型优美，每年都吸引大量游客来此参观留念。

聊城市茌平县博平镇皂荚

种名： 皂荚

学名： *Gleditsia sinensis* Lam.

科属： 豆科 Fabaceae 皂荚属 *Gleditsia*

树龄： 600 年

位置信息： 北纬 36.595276 东经 116.063845

此树位于聊城市茌平县博平镇初庄村内。树高14米，胸径96.8厘米，平均冠幅18.7米。

传说是自山西洪洞县迁居至此的先人所植，也有传说是其先祖迁居至此时就有。生长旺盛、形如巨伞，据说是聊城市最大的一棵皂荚树。

菏泽市定陶区杜堂镇皂荚

种名： 皂荚

树龄： 560 年

学名： *Gleditsia sinensis* Lam.

位置信息： 北纬 35.142547 东经 115.620645

科属： 豆科 Fabaceae 皂荚属 *Gleditsia*

此树位于菏泽市定陶区杜堂镇裴河村内。树高16.8米，胸径157.3厘米，平均冠幅14米。主干1.4米处中空腐朽，西北有一球形树瘤，直径1.49米，远看如磨盘，中空南北87厘米。

传说此树是明朝的野生树，当年有土匪曾在树下建厕所，老树发神威，让土匪尿血，惩罚他们，大快人心，至今传颂。

德州市武城县四女寺镇皂荚

种名： 皂荚

树龄： 500 年

学名： *Gleditsia sinensis* Lam.

位置信息： 北纬 37.359100 东经 116.224800

科属： 豆科 Fabaceae 皂荚属 *Gleditsia*

此树位于德州市武城县四女寺镇四女寺村清真寺院内。树高10米，胸径59.3厘米，平均冠幅5米。

四女寺村是回民村，建有清真寺一处，村民信仰伊斯兰教。过去，皂荚作为纯天然的除污用品，常用于清洁亡人的身体，清真寺几乎都种植有皂荚树。据说，这株皂荚树种植于明嘉靖年间，20世纪50年代，在该树下建有小炼钢炉，由于炼钢炉的炙热，将皂荚树树冠部分枝干全部烤死，只有部分树干尚未被铲除，直至1983年，此树老干又生新芽，皂荚树重新焕发生机，新芽长新枝，越老越加旺盛。

黄檀

黄檀（*Dalbergia hupeana* Hance）隶属豆科（Fabaceae）黄檀属（*Dalbergia*），别名不知春、檀木。落叶乔木。树皮暗灰色，呈薄片状剥落，小枝无毛稀被毛，皮孔长圆形，白色。奇数羽状复叶，互生，小叶9~11，近革质，羽状脉，托叶早落。圆锥花序顶生或生于最上部的叶腋间，花白色或淡紫色，花萼钟状，萼齿5，不等长。荚果长圆形或阔舌状，扁平，具种子1~3。花期5—7月，果期9—10月。

黄檀分布于山东、江苏、安徽、浙江、江西、福建、湖北、湖南、广东、广西、四川、贵州、云南。山东分布于临沂、枣庄及胶东山地丘陵，泰安、青岛、济南等地栽培。

黄檀是荒山荒地绿化的先锋树种，可作庭荫树、风景树、行道树应用。优质用材树种。木材黄色或白色，材质坚密，能耐强力冲撞，常用作车轴、榨油机轴心、枪托、各种工具柄等。其根皮可入药。

烟台市海阳市方圆街道黄檀

种名： 黄檀

树龄： 220 年

学名： *Dalbergia hupeana* Hance

位置信息： 北纬 36.807811 东经 121.224568

科属： 豆科 Fabaceae 黄檀属 *Dalbergia*

此树位于烟台市海阳市方圆街道邵家村村西。树高10米，胸径71.6厘米，平均冠幅15.3米。

临沂市临沭县玉山镇黄檀

种名：黄檀

树龄：120 年

学名：*Dalbergia hupeana* Hance

位置信息：北纬 34.953108 东经 118.726018

科属：豆科 Fabaceae 黄檀属 *Dalbergia*

此树位于临沂市临沭县玉山镇月庄冠山风景区。树高 20 米，胸径 76.4 厘米，平均冠幅 5.5 米。

刺槐

刺槐（*Robinia pseudoacacia* L.）隶属豆科（Fabaceae）刺槐属（*Robinia*），别名洋槐。落叶乔木。树皮灰褐色，有深沟，小枝光滑，粗糙纵裂。奇数羽状复叶，互生，小叶7~25枚，小叶对生，叶片卵形或长椭圆形，全缘，无毛或幼时疏生短毛，羽状脉。总状花序下垂，腋生，花白色，芳香。荚果条形扁平，条状长圆形，腹缝线有窄翅，红褐色，无毛，种子黑色，肾形。花期4—5月，果期9—10月。

刺槐原产美国东部，现在世界各地广为引种栽培。我国最早引种于19世纪末于南京、青岛栽培，目前已遍及全国，尤以黄河、淮河流域最为常见。山东各地普遍栽培。

刺槐为优良造林绿化树种。其木质坚硬，可做枕木、农具。叶子可做饲料，刺槐花可食用、可作蜜源、可提取香精。

德国侵占青岛后，曾引入世界各地植物在青岛进行栽植实验。刺槐便是其中引种的树种之一。很快刺槐便适应了青岛的自然环境，并向内地扩散。青岛早期引入的刺槐及其变种无刺槐树已近百年，但此树种根系为浅根性，往往在每年夏秋台风袭击青岛时，较大的树干会被台风从根部刮倒。台风过后，渔民为修造船只大量使用被风吹倒的刺槐，故少有大树存活。现青岛市存有11株刺槐古树，7株位于中山公园，4株位于胶州市。

潍坊市青州市谭坊镇刺槐

种名： 刺槐

树龄： 190 年

学名： *Robinia pseudoacacia* L.

位置信息： 北纬 36.619129 东经 118.718179

科属： 豆科 Fabaceae 刺槐属 *Robinia*

此树位于潍坊青州市谭坊镇南寨村村西南。树高 8.4 米，胸径 140 厘米，平均冠幅 11.2 米。

此树树体镶嵌于村民围墙之中，树体一半此树位于院中，一半此树位于院外。此树位于院内的树体树皮部分基本都已剥落，露出木质部，且部分树体已经腐烂。此树虽历经沧桑，但仍枝繁叶茂，生机盎然，树冠圆满，雄伟壮观，表现了顽强的生命力。尤其是春季洋槐花开的季节，满树白花，素雅芬芳，蔚为壮观。

青岛市胶州市中云街道基督教堂刺槐

种名： 刺槐

树龄： 116 年

学名： *Robinia pseudoacacia* L.

位置信息： 北纬 36.278522 东经 120.002851

科属： 豆科 Fabaceae 刺槐属 *Robinia*

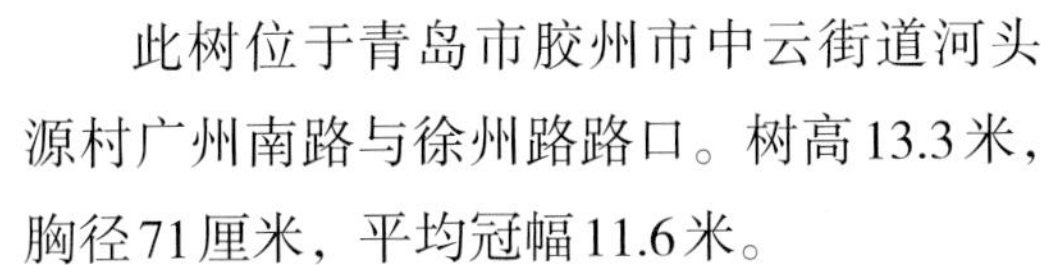

此树位于青岛市胶州市中云街道河头源村广州南路与徐州路路口。树高13.3米，胸径71厘米，平均冠幅11.6米。

此处原为清末瑞典传教士所办瑞华小学旧址，此树系当时校方所植。此树树体高大，通直圆满，树冠优美。每当春季开花季节绿白相映，素雅而芳香，成为当地一道风景。

槐树

槐树（*Sophora japonica* L.）隶属豆科（Fabaceae）槐属（*Sophora*），别名槐、家槐、槐树。落叶乔木。树皮灰褐色，粗糙纵裂。当年生枝绿色，奇数羽状复叶，小叶对生或近互生，纸质，卵状披针形或卵状长圆形，先端渐尖，基部宽楔形或近圆形。圆锥花序，顶生，花白色或淡黄色，花萼筒浅钟状，无毛。萼齿5，子房上位，无毛。荚果肉质，串珠状，无毛，不裂，具种子1~6，种子深棕色，肾形。花期6—8月，果期9—10月。

槐树分布于全国各地，在长江以北较为集中，山东各地普遍栽培。山东槐树古树资源丰富，遍布全省。

槐树适应性强，抗性强，是著名的绿化观赏树种，为优良的蜜源植物。花蕾可作染料，果肉能入药，种子可作饲料等。

槐树古树多在古村落或寺庙院内，人们爱奉之为神树，并由此产生了很多民间传说。在泰山的斗母宫有一棵“卧龙槐”，枝柯接地，蟠根又生，另成一树，奇绝不别，传说为报答人们的不伐之恩，经常化作郎中，治病救人；《天仙配》中老槐树能开口讲话，助成董永与七仙女的一段美好姻缘。

自古以来，槐树就被人们视为吉祥的树种。古人种槐除了获得绿荫之外，还在于讨取吉兆、寄托希冀，民间有“门前一棵槐，不是招宝就是进财”的别语。槐树还是莘莘学子心目中的偶像、科举吉兆的象征，并常以槐指代科考，考试的头年称槐秋，举子赴考称踏槐，考试的月份称槐黄。明朝初年，朝廷强迫百姓从山西向中原大举移民，形成了丰富多彩、独具特色的移民文化。“问我家乡在何处，山西洪洞大槐树”这首歌谣几百年来一直传唱，“大槐树”成为祖先居住之地的象征。

枣庄市滕州市清泉寺“中华槐王”

种名： 槐树

树龄： 2800 年

学名： *Sophora japonica* L.

位置信息： 北纬 34.969162 东经 117.085193

科属： 豆科 Fabaceae 槐属 *Sophora*

此树位于枣庄市滕州市西岗镇清泉寺。树高 7 米，胸径 127 厘米，平均冠幅 11.9 米。

清泉寺古槐树历史可追溯至2800年前的春秋时期，堪称“神州第一槐”“中华槐王”，至今郁郁葱葱，枝繁叶茂。在20世纪70年代初，有小孩子放鞭炮时引燃老槐树树心，火烧了一夜才被村民扑灭，从此树成空心，然而令人称奇的是这棵古槐却还依然生长旺盛。据周边村民讲，古槐甚为灵验，凡心诚至真者有所求必有所报。

潍坊市寿光市圣城街道“唐槐”

种名： 槐树

树龄： 2000 年

学名： *Sophora japonica* L.

位置信息： 北纬 36.883894 东经 118.743741

科属： 豆科 Fabaceae 槐属 *Sophora*

此树位于潍坊市寿光市圣城街道文庙街银海路交叉口槐香园。树高8.2米，胸径114厘米，平均冠幅13米。

据《寿光古树名木》记载，古槐此树位于寿光城小东关，此处系宁国寺故址所在地。千年古寺，迭经战火，至民国时已破坏殆尽，仅剩断壁残垣及六棱唐碑一块。碑上刻有唐代书法名家褚遂良手笔，载有“张飞勒马看古槐”的故事。当地老百姓有“先有古槐树，后有寿光城”的说法。

据传当年孔融任北海相时，被黄巾余党管亥围城，剑拔弩张，情势危急。孔融派人持其亲笔信，星夜驰往平原向刘备求救。时孔融为“建安七子”之一，名播四海。刘备见信，知孔融信得过自己，很是感动，遂携关羽、张飞二弟，点兵三千，直奔北海，几个回合后，将管亥斩落马下，余众皆似鸟兽飞散而去，孔融得以解围。其间，张飞等人曾在宁国寺的古槐拴过马，此树是昔日“寿城八景”之一。

传说明万历年间，有一书生进京赶考，途经寿光，留宿一晚，梦一须发皆白老者悲呼“脚寒”。考生问其住处，言“城东二里”。第二天，书生在城东遍寻老者不遇，唯见宁国寺中一古槐斜插云天，粗大的树根被冰雪压盖。书生不假思索，便借来铁锹为古槐铲雪培土，将树根埋好。是夜，书生梦见那位老者前来致谢：“多亏公子为我添了鞋袜，使我免受脚寒之苦。我见你心地善良，一定要把你送到榜上。”果然，此生三场不落，中了状元。衣锦还乡时，还特地到寿光叩谢过古槐。

泰安市泰山区岱庙“唐槐抱子”

种名： 槐树

学名： *Sophora japonica* L.

科属： 豆科 Fabaceae 槐属 *Sophora*

树龄： 1300 年

位置信息： 北纬 36.192640 东经 117.124530

此树位于泰安市泰山区岱庙街道岱庙唐槐院。树高14.3米，胸径172厘米，平均冠幅16.8米。

经考证系唐代移植。明《泰山小史》记载：“唐槐在延禧殿前，大可数抱，枝干荫阶亩许。”树旁立二石碑，一是明万历年间甘一骥石碑大书“唐槐”二字；二是清康熙年间张鹏翮树碑题诗赞誉古槐，诗曰：“潇洒名山日正长，烟霞为侣足徜徉。谁能欹枕清风夜，一任槐花满地香。”原来这株古槐高大茂盛，荫遮亩许。1949年前唐槐院曾驻扎兵营，攀折糟蹋，生长逐渐衰弱，于1951年枯死。树干中心腐朽，1952年在树干中心又植小槐树一株，现已成荫，高达5米，胸径达35厘米，别称“唐槐抱子”。

烟台市龙口市东江街道“天下槐祖”

种名：槐树

树龄：1500 年

学名：*Sophora japonica* L.

位置信息：北纬 37.621041 东经 120.542821

科属：豆科 Fabaceae 槐属 *Sophora*

此树位于烟台市龙口市东江街道董家洼村村委会门口。树高14米，胸径187.9厘米，平均冠幅22.7米。

据明代地方文献记载，相传古槐前有巨石刻字民谣“天下槐祖女娲栽，留观后世曲直歪，功过是非全记载，历尽沧桑水不衰。”秦始皇东巡到此设祭案叩拜，刻石造碑封为国槐。民间传说，土地爷在此为七仙女与董永指槐为媒，至今尚有董姓子孙在此繁衍。《龙口市村庄志》记载：“这株古槐何时所栽，已不可考，但树龄千年以上是无疑的。据老人相传，古槐的树龄比村龄长得多。”

菏泽市巨野县陶庙镇唐槐

种名： 槐树

学名： *Sophora japonica* L.

科属： 豆科 Fabaceae 槐属 *Sophora*

树龄： 1300 年

位置信息： 北纬 35.175886 东经 116.193751

此树位于菏泽市巨野县陶庙镇陶庙。树高 11 米，胸径 130.4 厘米，平均冠幅 14 米。

有唐代所立石碑，天齐庙修于唐玄宗时期，传说此树为当时栽植，经历千年沧桑，称为“唐槐”巨野第一树。

临沂市沂水县许家湖镇槐树

种名： 槐树

树龄： 600 年

学名： *Sophora japonica* L.

位置信息： 北纬 35.706293 东经 118.614769

科属： 豆科 Fabaceae 槐属 *Sophora*

此树位于临沂市沂水县许家湖镇南王庄村中。树高 10.5 米，胸径 124 厘米，平均冠幅 10.7 米。

据考证，此槐树为明洪武年间大迁徙时栽种。

临沂市平邑县卞桥镇槐树

种名： 槐树

树龄： 150 年

学名： *Sophora japonica* L.

位置信息： 北纬 35.466763 东经 117.877182

科属： 豆科 Fabaceae 槐属 *Sophora*

此树位于临沂市平邑县卞桥镇杨庄村中。树高9米，胸径81.2厘米，平均冠幅11.1米。

泰安市肥城市安站镇龙爪槐

种名：龙爪槐

树龄：800 年

学名：*Sophora japonica* L. f. *pendula* Loud.

位置信息：北纬 36.025856 东经 116.706403

科属：豆科 Fabaceae 槐属 *Sophora*

此树位于泰安市肥城市安站镇下庄。此树高3.8米，胸径约49.4厘米，平均冠幅约6.9米。

根据《肥城县志》载：树被镶嵌在一石堰中，树干空腐，原树冠已荡然无存，现树身如一截朽木矗立在半空中，树冠从弯曲的上半部树皮中生出，分三个主枝，呈东南、西南、后偏西北形，全树枝叉呈龙身形的弯曲状，枝叶茂盛。

滨州市惠民县胡集镇龙爪槐

种名：槐树

树龄：680 年

学名：*Sophora japonica* L. f. *pendula* Loud.

位置信息：北纬 37.324020 东经 117.763750

科属：豆科 Fabaceae 槐属 *Sophora*

此树位于滨州市惠民县胡集镇刘阮寺村。树高2.3米，胸径60厘米，平均冠幅8米。

传有一孙姓老者，有一日从树下拾得枯枝回家烧水暖坑，当夜熟睡不知何故被从炕上掀了下来。孙氏感念冒渎神灵龙仙，天明到树下燃香焚纸，叩首求罪，才转危为安。又传隋唐时期，河北地区所居人口得了瘟疫，有一对年轻人刘晨、阮肇听说南山上有仙草，可以医此怪病，便到南山取仙草。后得仙人指点，采得仙药。二人云游四海，化缘行医，为四方百姓医除病魔。多年积累银两，修建一座寺庙，种下盘龙古槐，供香客信徒休闲纳凉。人们为了纪念刘晨、阮肇的功绩，便以其姓氏命名佛寺“刘阮寺”。

紫藤

紫藤【*Wisteria sinensis*（Sims）Sweet】隶属豆科（Fabaceae）紫藤属（*Wisteria*），别名藤萝、紫藤花。落叶藤本。茎左旋，小枝被柔毛。奇数羽状复叶长，小叶7~13，通常11，小叶片卵状长椭圆形至卵状披针形，先端渐尖，全缘，羽状脉，托叶早落。总状花序生于枝端，下垂，盛花时叶半展开，自下而上逐次开放花萼杯状，花梗及萼均被白色柔毛。荚果倒披针形，表面密被褐色绒毛，木质，开裂，种子1~5，种子褐色，圆形，扁平。花期4—5月，果期8—9月。

紫藤分布于河北、山东、江苏、安徽、河南。山东各地栽培。

紫藤花大美丽，可供绿化观赏，美丽清香，作为攀缘花木，势如盘龙，刚劲古朴，是春季优良的棚架绿化观赏花木。其花根皮和花可药用，能解毒驱虫、止吐泻；叶可作为饲料；紫藤花蒸食，清香味美，亦可提取芳香油，亦有解毒、止吐泻等功效。

紫藤植株茎蔓蜿蜒屈曲，开花繁多，串串花序悬挂于绿叶藤蔓之间，瘦长的荚果迎风摇曳，自古文人皆爱以其为题材咏诗作画。“紫藤”这一名称可以上溯唐代，诗仙李太白就有这一佳作：“紫藤挂云木，花蔓宜阳春。密叶隐歌鸟，香风留美人。”生动地刻画出了紫藤优美的姿态和迷人的风采。唐代陈藏器所撰《本草拾遗》亦将紫藤收录为中药材。

泰安市宁阳县神童山“天下第一藤”

种名：紫藤

树龄：950年

学名：*Wisteria sinensis* (Sims) Sweet

位置信息：北纬35.793798 东经116.975382

科属：豆科 Fabaceae 紫藤属 *Wisteria*

此树位于泰安市宁阳县葛石镇神童山观音庵景区。古树高5米，胸径35厘米，平均冠幅15米，四根藤条盘树而上（后黄连木枯死，做一假树支撑）。

观音庵始建于明洪武二年（公元1369年），为纪念“建安七子”之一刘桢而建，观音堂西侧为“天下第一藤”。藤冠面积约300平方米，一到盛花期，花开娇艳，芳香数百米，是当地一大胜景。从藤基直径、藤冠面积、藤龄三方面看，国内罕见。古藤枝繁叶茂，左盘右绕，冬季藤绕连顶如虬蛇盘绞，夏季藤蔓覆顶，树藤下一地阴凉。古藤西北侧还有上千株幼藤生长，大有子绕母藤家族兴旺的情趣，当地人称“古藤恋子”。

据传紫藤是宋神宗封禅泰山时命人栽下的。每年“五一”前后，盛开的紫藤花宛如千百只紫蝴蝶相拥连缀，芳华烂漫，香飘十里，成为神童山一大胜景。

济宁市嘉祥县纸坊镇紫藤

种名： 紫藤

树龄： 1000 年

学名： *Wisteria sinensis* (Sims) Sweet

位置信息： 北纬 35.329808 东经 116.304408

科属： 豆科 Fabaceae 紫藤属 *Wisteria*

此树位于济宁市嘉祥县纸坊镇青山村青山寺惠济公殿。树高8米，胸径25.5厘米，平均冠幅12米。其枝干向东南曲折蔓延200余米，苍劲古朴，如蛟龙起舞。寺内共有3株上千年树龄紫藤，蔓延覆盖900平方米。

烟台市海阳市发城镇“古藤攀杨”

种名： 紫藤

树龄： 603 年

学名： *Wisteria sinensis* (Sims) Sweet

位置信息： 北纬 36.942044 东经 120.985282

科属： 豆科 Fabaceae 紫藤属 *Wisteria*

此树位于烟台市海阳市发城镇北槐树底村南。树高 23 米，胸径 70 厘米，平均冠幅 18 米。

古藤枝繁叶茂，左盘右绕，冬季藤绕连顶如虬蛇盘绞，夏季藤蔓覆顶，树藤下一地阴凉。“古藤攀杨”构成了十里闻名的奇景，据资料记载，这两棵树的年代可追溯到明洪武年间，差不多就是北槐树底村建村的时候。如今，紫藤的树干已经硬的跟石头一样，但生机依旧，紫藤花开得很旺盛。

威海市环翠区刘公岛紫藤

种名：紫藤

学名：*Wisteria sinensis* (Sims) Sweet

科属：豆科 Fabaceae 紫藤属 *Wisteria*

树龄：140 年

位置信息：北纬 37.502006 东经 122.173260

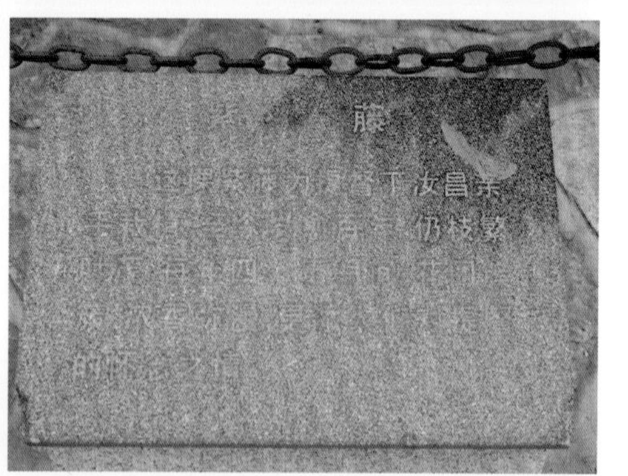

此树位于威海市环翠区威海湾刘公岛丁汝昌寓所内。树高3.5米，胸径7.3厘米，平均冠幅6.8米。紫藤基部有14个分支，长势旺盛。

此树系北洋水师提督丁汝昌当年迁入寓所时亲手栽植，是北洋水师建军的见证。紫藤在丁汝昌老家安徽庐江最为常见，常年漂泊在外的他，借紫藤表达怀乡之情，紫藤枝干虬劲，花叶亮洁，凛然正直，丁汝昌借紫藤明志，精忠报国。在饥饿年代，岛民以紫藤花制成饼或菜团充饥，不少人得以渡过难关。明代诗人王世贞赞紫藤："南国红蕉将比貌，西陵青柏结同心。"

菏泽市单县浮岗镇紫藤

种名：紫藤

学名：*Wisteria sinensis* (Sims) Sweet

科属：豆科 Fabaceae 紫藤属 *Wisteria*

树龄：130 年

位置信息：北纬 34.644404 东经 115.917904

此树位于菏泽市单县浮岗镇韦新庄张景福家西。树高11米，胸径20厘米，平均冠幅5.5米。

紫薇

紫薇（*Lagerstroemia indica* L.）隶属千屈菜科（Lythraceae）紫薇属（*Lagerstroemia*），别名痒痒树、百日红。落叶灌木或小乔木。树皮灰褐色，易脱落，树干光滑。幼枝略呈四棱形，稍成翅状，阳面色红，阴面浅红至黄绿。叶互生或对生，革质，近无柄，椭圆形，倒卵形或长椭圆形，光滑无毛或沿主脉上有毛，近全缘，羽状脉。圆锥花序顶生，花萼裂片6，三角形，花瓣6，花紫色、红色、粉红色或白色，边缘有不规则缺刻，基部有长爪。蒴果椭圆状球形，成熟干燥时呈紫黑色，3~6瓣裂，种子有翅。花期6—9月，果期9—10月。

紫薇在华东、华中、华南及西南均有分布。山东全省广为栽培。

紫薇花色鲜艳美丽，花期长，为优秀的观花乔木。其木材坚硬耐腐，可作农具家具。树皮、叶及花为强泻剂，根和树皮有治吐血的功效。

紫薇树姿优美，树干光滑洁净，花色艳丽，开花时正当夏秋少花季节，花期极长，有“百日红”之称，又有“盛夏绿遮眼，此花红满堂”的赞语，是观花观干、观根的盆景良材。宋代杨万里诗赞：“似痴如醉丽还佳，露压风欺分外斜，谁道花无红百日，紫薇长放半年花。”明代薛蕙写有：“紫薇花最久，烂熳十旬期，夏日逾秋序，新花续放枝。”

青岛市城阳区流亭街道紫薇

种名： 紫薇

树龄： 550 年

学名： *Lagerstroemia indica* L.

位置信息： 北纬 36.289632 东经 120.379246

科属： 千屈菜科 Lythraceae 紫薇属 *Lagerstroemia*

此树位于青岛市城阳区流亭街道北后楼社区北门东北角。树高3.3米，胸径111厘米，平均冠幅3.3米。此树为移栽而来。

淄博市桓台县新城镇城南村紫薇

种名：紫薇

树龄：330 年

学名：*Lagerstroemia indica* L.

位置信息：北纬 36.951043 东经 117.938112

科属：千屈菜科 Lythraceae 紫薇属 *Lagerstroemia*

此树位于淄博市桓台县新城镇城南村王渔洋故居。树高4.2米，胸径26厘米，平均冠幅4.9米。

据《山东通志》载："长春园，明尚书王之垣建，后王士禛及故址增葺，名西城别墅"。紫薇为清康熙二十四年（公元1685年），王渔洋修缮其曾祖王之垣所建长春园（王渔洋故居旧称）故址时栽种。

青岛市崂山区太清宫银薇

种名： 紫薇

树龄： 120年

学名： *Lagerstroemia indica* L. f. *alba* (Nichols.) Rehd.

位置信息： 北纬36.139575 东经120.672110

科属： 千屈菜科 Lythraceae 紫薇属 *Lagerstroemia*

此树位于青岛市崂山区王哥庄街道太清宫斋堂院内。树高8.8米，胸径31.9厘米，平均冠幅8米。生长良好。

石榴

石榴（*Punica granatum* L.）隶属石榴科（Punicaceae）石榴属（*Punica*），别名安石榴。落叶灌木或小乔木。树皮灰黑色，不规则脱落，小枝四棱形，枝顶常成尖锐长刺，无毛。单叶，对或簇生，先端尖或钝，全缘，羽状脉。花顶生或腋生能，花有短梗，花萼筒钟形，萼裂片5~8，三角形，先端尖。浆果近球形，果皮厚，萼裂片宿存。种子外种皮浆汁，红色、粉红或白色，内种皮骨质。花期5—6月，果期8—9月。

石榴原产于巴尔干半岛至伊朗及其邻近地区，中国南北都有栽培，山东各地普遍栽培。枣庄是我国石榴主产区之一，为“中国石榴之乡”，峄城万亩石榴园有2000余年历史，以历史悠久，面积大，株数多，品色全，果质优而闻名海内外，被誉为“冠世榴园”。

石榴树姿优美，枝叶秀丽，繁花似锦，硕果累累，加之适应性广，抗病性强，常作栽培观赏。石榴果实营养丰富。果皮可入药，树皮、根皮和果皮均含多量鞣质，可提制栲胶。

据史料记载，汉代张骞出使西域时将石榴带回内地。历代文献中有关石榴的记述很多，如《名医别录》介绍了石榴在医药方面的用途；《齐民要术》概述了石榴栽萼方面的经验；《图经本草》和《本草纲目》除详述石榴用途外，并有品种之记载。

石榴花果并丽，火红可爱。长期以来，中国人民把它视为吉祥多福多寿的象征，又因“石榴多子”，表示人丁兴旺，民族繁荣。古代妇女着裙，多喜欢石榴红色，“石榴裙”成了古代年轻女子的代称，男女相爱，便有“拜倒石榴裙下”之说。

枣庄市薛城区沙沟镇“石榴太皇后”

种名：石榴

树龄：700 年

学名：*Punica granatum* L.

位置信息：北纬 34.764187 东经 117.376044

科属：石榴科 Punicaceae 石榴属 *Punica*

枣庄市薛城区沙沟镇张庄村存有650余株古石榴树，树龄约700年。其中“石榴太皇后”树高4米，胸径36厘米，平均冠幅5.3米。

“石榴太皇后”周边生长有石榴古树群，古树分布于村民房前屋后、庭院中，树形奇形怪状，枝叶茂密，结果较多，生长势较旺盛。

青岛市黄岛区滨海街道石榴

种名： 石榴

树龄： 200 年

学名： *Punica granatum* L.

位置信息： 北纬 35.824794 东经 119.957622

科属： 石榴科 Punicaceae 石榴属 *Punica*

此树位于青岛市黄岛区滨海街道峡沟村明天中学西500米，明珠路路北，自建房崆峒宅。树高3.3米，胸径13.5厘米，平均冠幅2.6米。

此树管理良好，长势旺盛，正常开花结实；树体斜立，望之如美人献舞，姿态甚美。

毛梾

毛梾（*Cornus walteri* Wanger.）隶属山茱萸科（Cornaceae）山茱萸属（*Cornus*），别名车梁木。落叶乔木。树皮黑褐色，纵裂，小枝暗红色，幼时有平伏毛，后脱落。单叶，叶片对生，纸质叶片卵圆形或长椭圆形，先端渐尖，基部楔形，羽状脉。花伞房状聚伞花序，有灰白色平伏毛，顶生，花白色，有香味，萼齿4，三角形，花瓣4，柱头头状。核果球形，黑色，核扁球形。花期5—6月，果期8—10月。

毛梾原产中国，北至吉林，西至青海，南至云南都有分布。山东各山区有分布，各地均有栽培。

毛梾适应性强，较耐干旱瘠薄，萌芽性强，是重要的经济油料树种，亦是优良绿化树种。其木材坚硬，纹理细密，质地精良、美观，可作高档家具或木雕之材，能制作大车的梁木。毛梾含油可达27%~38%，有“一株毛梾木，一亩油料田”之说。毛梾油属半干性油，含有人体所需脂肪酸，可作工业用油，叶和树皮可提制拷胶，其枝叶可入药。

传说当年孔子乘木制马车周游列国时，因道路颠簸屡次折损车梁，后来偶遇此木，砍伐制成车梁后，车梁再未断过。故后人又把此树称为“车梁木”。

济南市历城区柳埠镇毛梾

种名：毛梾

树龄：300年

学名：*Cornus walteri* Wanger.

位置信息：北纬36.400988 东经117.130430

科属：山茱萸科 Cornaceae 山茱萸属 *Cornus*

此树位于济南市历城区柳埠镇长岭北田村。树高12米，胸径44厘米，平均冠幅8.5米。

此树生长健壮，长势旺盛，枝叶繁茂，树根处底部新发枝条多、乱，侧枝萌生也较多，历经几百年仍生机勃勃。

日照市莒县浮来镇毛梾

种名：毛梾

树龄：150 年

学名：*Cornus walteri* Wanger.

位置信息：北纬 35.596530 东经 118.733499

科属：山茱萸科 Cornaceae 山茱萸属 *Cornus*

此树位于日照市莒县浮来山镇浮来山风景区卧龙泉后。树高16米，胸径36.9厘米，平均冠幅12.2米。

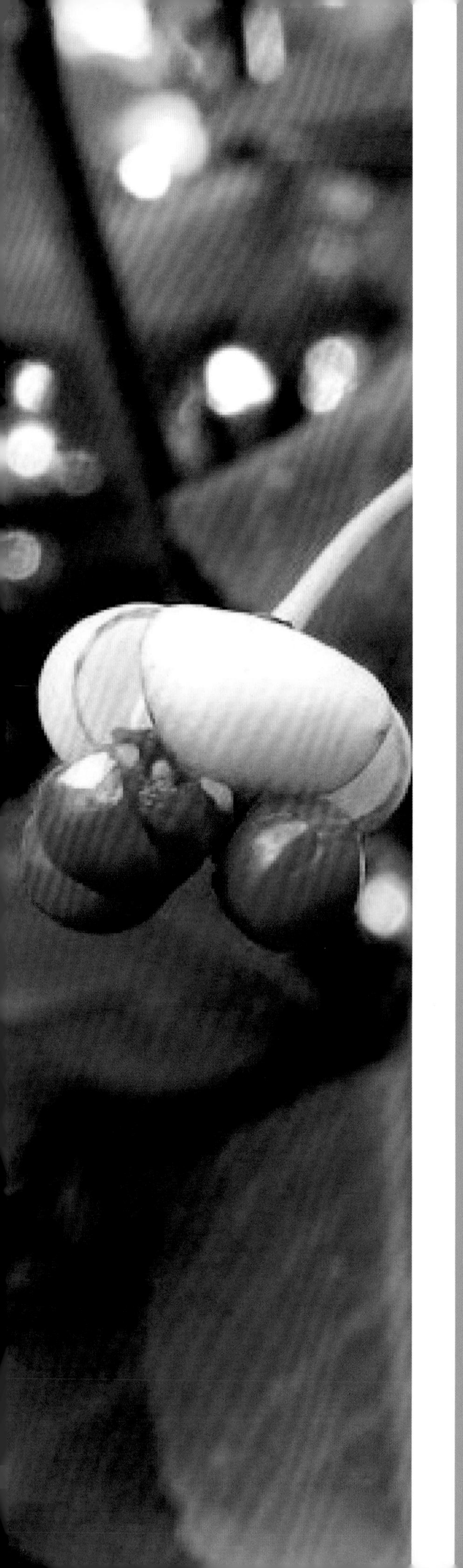

扶芳藤

扶芳藤【*Euonymus fortunei*（Turcz.）Hand.-Mazz.】隶属卫矛科（Celastraceae）卫矛属（*Euonymus*）。常绿藤本灌木。小枝方棱不明显，叶薄革质，椭圆形、长方椭圆形或长倒卵形，先端钝或急尖，基部楔形。聚伞花序3~4次分枝，花白绿色。蒴果粉红色，果皮光滑，近球状，种子长方椭圆状，棕褐色，假种皮鲜红色，全包种子。花期6月，果期10月。

扶芳藤产于江苏、浙江、安徽、江西、湖北、湖南、四川、陕西等省份。山东各地普遍栽培情况。

扶芳藤喜光，耐阴，耐寒，适应性强，抗污染，是北方重要的园林绿化树种。带叶茎枝可入药。

济宁市邹城市香城镇扶芳藤

种名： 扶芳藤

学名： *Euonymus fortunei* (Turcz.) Hand.-Mazz.

科属： 卫矛科 Celastraceae 卫矛属 *Euonymus*

树龄： 120 年

位置信息： 北纬 36.167600 东经 119.717700

此树位于济宁市邹城市香城镇吴宝庵林场山腰盘山木栈道路边。树高7.1米，地径11厘米，平均冠幅5.2米。

大叶黄杨

大叶黄杨（*Euonymus japonicus* Thunb.）隶属卫矛科（Celastraceae）卫矛属（*Euonymus*），正名冬青卫矛。常绿灌木或小乔木。小枝绿色，小枝四棱形，光滑、无毛。单叶，对生，叶革质或薄革质，卵形、椭圆状或长圆状披针形，叶面光亮，仅叶面中脉基部及叶柄被微细毛，其余均无毛。聚伞花序，花序腋生，花白绿色，花萼片半圆形，花瓣近卵圆形，花柱与雄蕊等长。蒴果扁球形，淡红色，种子有橘红色假种皮。花期6—7月，果熟期9—10月。

大叶黄杨分布于中国贵州、广西、广东、湖南、江西等省份。山东各地普遍栽培。

大叶黄杨喜光，稍耐阴，较耐寒，抗性强。春季嫩叶光泽洁净，满树嫩绿，十分悦目。其枝叶密集而常青，生性强健，一般作绿篱种植，也可修剪成球形，是优良的观赏绿化树种。其变种叶色斑斓，有银边大叶黄杨、金边大叶黄杨、金心大叶黄杨、斑叶大叶黄杨等。其木材细腻质坚，色泽洁白，不易断裂，是制作筷子、棋子的上等木料。根茎叶可入药。

烟台市芝罘区崆峒岛大叶黄杨古树群

种名：冬青卫矛

树龄：150 年

学名：*Euonymus japonicus* Thunb.

位置信息：北纬 37.562223 东经 121.515588

科属：卫矛科 Celastraceae 卫矛属 *Euonymus*

此古树群位于烟台市芝罘区崆峒岛灯塔院内。大叶黄杨古树共有10余株，其中最大的一株树高5.5米，胸径29.9厘米，平均冠幅11.5米。

崆峒岛是烟台市区第一大海岛，在元代，南粮北调，海运大兴，崆峒岛便成为南北漕船的避风、停泊、修理增加补给的良好场所和繁华商埠。据考证，此树为英国传教士福莱尔于1866年修建“卢逊灯塔”时移植栽种。

青岛市市南区天后宫大叶黄杨

种名：冬青卫矛

树龄：100年

学名：*Euonymus japonicus* Thunb.

位置信息：北纬36.061290 东经120.322242

科属：卫矛科 Celastraceae 卫矛属 *Euonymus*

此树位于青岛市市南区八大关街道天后宫院内。树高6.2米，胸径49.5厘米，平均冠幅7.9米。

天后宫始建于明成化三年（公元1467年），距今已有500多年的历史，是青岛市区现存最古老的明清砖木结构建筑群，故有“先有天后宫，后有青岛市”的说法。天后宫前后历经七次维修扩建，此树为民国初维修天后宫时移植栽种。

胶州卫矛

胶州卫矛（*Euonymus kiautschovicus* Loes.）隶属卫矛科（Celastraceae）卫矛属（*Euonymus*），别称胶东卫矛。半常绿灌木，茎直立，枝常披散式依附他树，下部枝有须状随生根。叶纸质，倒卵形或阔椭圆形，基部楔形，稍下延，边缘有极浅锯齿，侧脉5~7对。聚伞花序，花黄绿色，花瓣长圆形；小花梗细长，分枝中央单生小花，有明显花梗。蒴果近圆球状，果皮有深色细点，顶部有粗短宿存柱头。花期7月，果期10月。

胶州卫矛分布于山东、安徽、江西、湖北等省份，生于山谷、林中多岩石处。在山东少见，仅分布于青岛、胶州湾一带。

胶州卫矛喜欢温暖湿润的海洋性气候环境，是一个局域分布种。胶州卫矛在园林中多用作绿篱和增界树，它不仅适用于庭院、甬道，建筑物周围，而且也用于主干道绿带。因其对多种有毒气体抗性很强，并能吸收净化空气，抗烟吸尘，故是污染区理想的绿化树种。

临沂市临沭县青云镇胶州卫矛

种名：胶州卫矛

树龄：300年

学名：*Euonymus kiautschovicus* Loes.

位置信息：北纬36.627271 东经117.166954

科属：卫矛科 Celastraceae 卫矛属 *Euonymus*

此树位于临沂市临沭县青云镇云白常村村东。树高3.5米，胸径55厘米，平均冠幅7米。

威海市文登区葛家镇胶州卫矛

种名： 胶州卫矛

树龄： 130 年

学名： *Euonymus kiautschovicus* Loes.

位置信息： 北纬 37.177479 东经 121.864010

科属： 卫矛科 Celastraceae 卫矛属 *Euonymus*

此树位于威海市文登区葛家镇刘家上口刘洪池宅院内。树高 4.6 米，胸径 39 厘米，平均冠幅 8.2 米。

此树为刘家先祖于清光绪初年栽种于自家院内。

白杜

白杜（*Euonymus maackii* Rupr）隶属卫矛科（Celastraceae）卫矛属（*Euonymus*），别名丝棉木、华北卫矛、桃叶卫矛。落叶灌木或小乔木。小枝灰绿色，近圆柱形，无栓翅。单叶，对生，叶卵状椭圆形、卵圆形或窄椭圆形。聚伞花序，腋生，萼片4，近圆形，花瓣4，淡白绿色或黄绿色，长圆形。蒴果倒圆心状，4浅裂，成熟后果皮粉红色，种子有橙红色假种皮。花期5—6月，果期8—9月。

白杜分布广泛，除陕西、西南和两广未见野生外，其他各省份均有分布。山东分布于鲁中南、胶东山地丘陵，各地栽培。

白杜皮、根可入药用；木材供细工、雕刻等用；可供绿化观赏。

淄博市沂源县燕崖镇丝棉木

种名： 白杜

树龄： 500 年

学名： *Euonymus maackii* Rupr

位置信息： 北纬 36.099878 东经 118.253715

科属： 卫矛科 Celastraceae 卫矛属 *Euonymus*

此树位于淄博市沂源县燕崖镇织女洞林场大贤山。树高8米，胸径51厘米，平均冠幅7.2米。

根据清道光七年修《沂水县志》卷八记载："张道通，齐人。唐天宝时栖息于东莞织女山洞中，年三百岁，人作迎仙观于其下。"大贤山因张道通而得名，山北麓的织女洞与东岸的牛郎庙隔河相望，和天上"牵牛星-银河-织女星"遥相呼应。据考证，大贤山丝棉木为明朝孝宗栽种。

滨州市滨城区三河湖镇丝棉木

种名： 白杜

树龄： 350 年

学名： *Euonymus maackii* Rupr

位置信息： 北纬 37.497790 东经 117.849090

科属： 卫矛科 Celastraceae 卫矛属 *Euonymus*

此树位于滨州市滨城区三河湖镇王立平村人树园内。树高16米，胸径73厘米，平均冠幅13.9米，树冠达40余平方米。

相传，此树树液为红色，如同人的血液，且种子形状如“人”字，因此得名“人树”。传说，此树下住一狐仙，能保一方平安。

青岛市平度市古岘镇丝棉木

种名： 白杜

树龄： 300 年

学名： *Euonymus maackii* Rupr

位置信息： 北纬 36.752142 东经 120.194952

科属： 卫矛科 Celastraceae 卫矛属 *Euonymus*

此树位于青岛市平度市古岘镇蓬莱前村。树高9.4米，胸径55.7厘米，平均冠幅9.3米。

蓬莱前村村名由来与汉代康王刘寄殡葬有关。康王与中山靖王刘胜齐名，康王出殡时，灵柩到达六曲山山脚下，搭起灵棚，举行大奠仪式。后有于姓人家就在灵棚处建村，取村名“灵棚前”，后将此地更名为“蓬莱前”，沿用至今。丝棉木为清康熙年间，村民栽种。

雀舌黄杨

雀舌黄杨（*Buxus bodinieri* Lévl.）隶属黄杨科（Buxaceae）黄杨属（*Buxus*）。常绿灌木。小枝四棱形，被短柔毛，后变无毛。单叶，对生，叶薄革质，通常匙形，稀狭卵形或倒卵形，叶面绿色，光亮，叶背苍灰色，中脉两面凸出。花序腋生，头状花序，苞片卵形，花萼片4，卵圆形，子房上位，3室，无毛，花密集。蒴果卵形，宿存花柱直立。花期4月，果期6—8月。

雀舌黄杨分布于云南、四川、贵州、广西、广东、江西、浙江、湖北、河南、甘肃、陕西等省份。山东各地公园及庭院常见栽培。

雀舌黄杨是常用的庭院绿篱、花坛和盆栽植被。全株药用，能止血、散血，对跌打损伤有疗效。根治风湿。叶敷可解无名肿毒。

临沂市费县费城街道雀舌黄杨

种名： 雀舌黄杨

树龄： 300 年

学名： *Buxus bodinieri* Lévl.

位置信息： 北纬 35.261077 东经 117.968652

科属： 黄杨科 Buxaceae 黄杨属 *Buxus*

此树位于临沂市费县费城街道幸福社区。树高2.5米，胸径24厘米，平均冠幅5米。

菏泽市牡丹区牡丹街道雀舌黄杨

种名： 雀舌黄杨

树龄： 120 年

学名： *Buxus bodinieri* Lévl.

位置信息： 北纬 35.269684 东经 115.474729

科属： 黄杨科 Buxaceae 黄杨属 *Buxus*

此树位于菏泽市牡丹区牡丹街道古今园。树高1.7米，胸径63.7厘米，平均冠幅3.3米。

黄杨

黄杨【*Buxus sinica*（Rehd. et Wils.）M. Cheng】隶属黄杨科（Buxaceae）黄杨属（*Buxus*），别名锦熟黄杨。常绿灌木或小乔木。枝圆柱形，有纵棱，灰白色。单叶，对生，叶片革质，阔椭圆形、阔倒卵形、卵状椭圆形或长圆形，先端圆或钝，常有小凹口，叶面光亮，全无侧脉，全缘，羽状脉。头状花序，腋生，花密集，雄花约10朵，无花梗，花萼片4；不育雌蕊有棒状柄，末端膨大；雌花萼片长3毫米，花柱粗扁，柱头倒心形。蒴果近球形，宿存花柱。花期4月，果期6—7月。

黄杨分布于陕西、甘肃、湖北、江西、浙江、安徽、江苏、山东、四川、贵州、广西、广东各省份，多生于山谷、溪边、林下。山东全省各地均有栽培。

黄杨木材坚硬，鲜黄色，适于做木梳、乐器、图章等。黄杨木是绿化用的常见园林树种，多用作绿篱或单株造景之用。此外，其根、叶入药，具有祛风除湿，行气活血的功效。

黄杨并非名花珍木，它既没有高大魁梧的身躯，也无招蜂引蝶的美色，但它那朴实无华的品质，却给人以另一种美的享受。千百年来，它也是文人墨客驻足倾慕的对象，并以此为题创作了无数佳句。例如北宋文学家苏轼在《巫山》中作有“穷探到峰背，采斫黄杨子。黄杨生石上，坚瘦纹如绮。”黄杨生长缓慢，人们常说“千年不长黄杨木”。

青岛市崂山区太清宫黄杨

种名：黄杨

树龄：800 年

学名：*Buxus sinica* (Rehd. et Wils.) M. Cheng

位置信息：北纬 36.139925 东经 120.671688

科属：黄杨科 Buxaceae 黄杨属 *Buxus*

此树位于青岛市崂山区王哥庄街道太清宫。树高5.2米，胸径45厘米，平均冠幅5.4米。

此树是北宋末年道教在评品“三十六洞天、七十二福地”时由南方引植，已有800余年的树龄，属国家一级保护古树，是崂山最古老的一株黄杨。1979年邓小平视察崂山太清宫时，曾在树下摄影留念，留下一代伟人的历史瞬间。

烟台市芝罘区太平庵黄杨

种名： 黄杨

树龄： 520 年

学名： *Buxus sinica* (Rehd. et Wils.) M. Cheng

位置信息： 北纬 37.505284 东经 121.391852

科属： 黄杨科 Buxaceae 黄杨属 *Buxus*

此树位于烟台市芝罘区塔山太平庵三圣殿前。树高6.2米，胸径22.3厘米，平均冠幅5.9米。

太平庵始建于金，距今已有八百年的历史，后经战乱几经坍塌，几经修复。此树为明孝宗时期栽种，是太平庵最古老的树木，其质地细腻、坚硬、不破裂、不变形。

一叶萩

一叶萩【*Flueggea suffruticosa*（Pall.）Baill.】隶属大戟科（Euphorbiaceae）白饭树属（*Flueggea*），别名叶底珠。落叶小灌木。茎多分枝，无毛。小枝浅绿色，近圆柱形，有棱槽，有不明显的皮孔。单叶，互生，叶片纸质，椭圆形或长椭圆形，稀倒卵形，顶端急尖至钝，两面无毛，羽状脉。花小，单性，雌雄异株，簇生于叶腋，萼片5。蒴果三棱状扁球形淡红褐色，有网纹。蒴果三棱状扁球形，淡红褐色，有网纹，开裂，种子卵形，一侧扁压状，褐色，具小疣状凸起。花期6—7月，果期8—9月。

一叶萩分布于除甘肃、青海、新疆、西藏外的其他各省份。山东鲁中南和胶东山地丘陵分布，青岛、泰安、临沂等地栽培。

一叶萩茎皮纤维坚韧，可供纺织原料，枝条可编制用具，根含鞣质。叶、花和果实均可入药，种子含油，可榨油供工业用。

烟台市招远市泉山街道一叶萩

种名： 一叶萩

树龄： 160 年

学名： *Flueggea suffruticosa* (Pall.) Baill.

位置信息： 北纬 37.370655 东经 120.401744

科属： 大戟科 Euphorbiaceae 白饭树属 *Flueggea*

此树位于烟台市招远市泉山街道魁星路229号花园区5号楼东墙外侧。树高4.9米，胸径19.1厘米，平均冠幅6.9米。生长良好。

雀儿舌头

雀儿舌头【*Leptopus chinensis*（Bge.）Pojark.】隶属大戟科（Euphorbiaceae）雀舌木属（*Leptopus*），别名黑钩叶。落叶灌木。枝细弱，多分枝，幼枝有短毛。单叶，互生，叶片卵形、近圆形、椭圆形或披针形，叶面深绿色，叶背浅绿色。花小，雌雄同株，单生或2~4朵簇生于叶腋；萼片、花瓣均为5。蒴果圆球形或扁球形，基部有宿存的萼片。花期5—6月，果期9—10月。

雀儿舌头除黑龙江、新疆、福建、海南和广东外，全国各省份均有分布。山东各山区丘陵有分布。

雀儿舌头喜光，耐干旱瘠薄，为水土保持林优良的林下植物，也可做庭园绿化灌木。叶可供杀虫农药，嫩枝叶有毒。

泰安市东平县银山镇三清宫雀儿舌头

种名： 雀儿舌头

树龄： 500 年

学名： *Leptopus chinensis* (Bge.) Pojark.

位置信息： 北纬 36.038319 东经 116.168326

科属： 大戟科 Euphorbiaceae 雀舌木属 *Leptopus*

此树位于泰安市东平县银山镇腊山国家森林公园。胸径17.8厘米，树高3.7米，平均冠幅2.6米。

雀儿舌头本是草本或灌木，却在500年中生生不息，终于长成树的模样，可谓是鱼化龙，草变树，历经风雨变成精了。树干凹凸不平，枝繁叶茂，有“山东第一树”之称。

乌桕

乌桕【*Triadica sebifera*（L.）Small】隶属大戟科（Euphorbiaceae）乌桕属（*Triadica*）。落叶乔木或灌木。树皮灰褐色，浅纵裂，全株光滑无毛，通常有白色乳汁。单叶，互生或近对生，全缘，两面绿色，羽状脉，叶菱形至菱状卵形。总状花序，顶生，花单性，同株，同序，绿黄色，无花瓣及花盘，雄花数朵组成小聚伞花序，再集生为长穗状复花序，花萼杯状，2~3裂，子房上位，光滑。蒴果3棱状球形，室被3裂，种子黑色，被白蜡层。花期6—8月，果期9—11月。

乌桕分布于黄河流域以南各省份。山东各地普遍栽培。

乌桕为中国特有的经济树种，也是一种彩叶树种，春秋季叶色红艳夺目，用于观赏绿化。乌桕对土壤的适应性较强，较耐干旱瘠薄，抗性较强。乌桕以根皮、树皮、叶入药。

临沂市临沭县玉山镇乌桕

种名：乌桕

树龄：320 年

学名：*Triadica sebifera* (L.) Small

位置信息：北纬 34.953374 东经 118.726509

科属：大戟科 Euphorbiaceae 乌桕属 *Triadica*

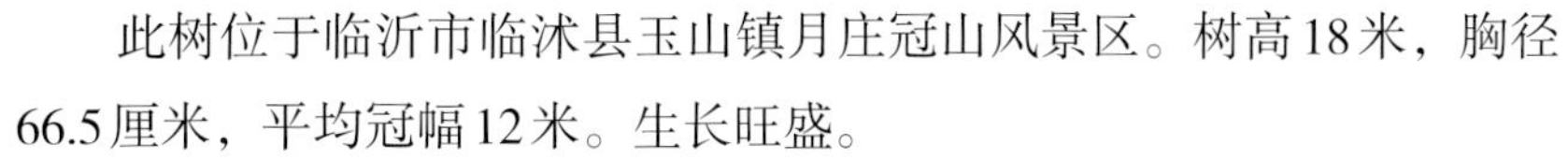

此树位于临沂市临沭县玉山镇月庄冠山风景区。树高18米，胸径66.5厘米，平均冠幅12米。生长旺盛。

冠山风景区由冠山和演武山组成。冠山因主峰若凤凰之冠而得名，唐代名将罗成在演武山操练兵马演习武艺，故得名“演武山”。尹喜于公元前510年来此传道布教。清康熙三十八年（公元1699年），康熙第三次南巡时在此题写“长春观碑记”。此古树为清康熙年间所植。

青岛市崂山区太清宫乌柏

种名： 乌桕　　**树龄：** 220 年

学名： *Triadica sebifera* (L.) Small　　**位置信息：** 北纬 36.139985 东经 120.671017

科属： 大戟科 Euphorbiaceae 乌桕属 *Triadica*

此树位于青岛市崂山区王哥庄街道太清宫景区神水泉东侧。树高 26 米，胸径 98.7 厘米，平均冠幅 13.1 米。生长一般。

此树是青岛唯一一株百年以上的乌桕古树，据考证为清嘉庆年间栽种。

菏泽市牡丹区乌桕

种名： 乌桕

树龄： 200 年

学名： *Triadica sebifera* (L.) Small

位置信息： 北纬 35.279717 东经 115.487636

科属： 大戟科 Euphorbiaceae 乌桕属 *Triadica*

此树位于菏泽市牡丹区牡丹街道牡丹园。树高15米，胸径45厘米，平均冠幅10米。

牡丹园是在明清以来风格不一、大小不等的十几处花园的基础上发展起来的，包括创于明代的毛花园，以及当时的铁藜寨花园、大春家花园、军门花园，清道光年间的赵氏园、桑篱园等。此树为清道光年间赵家大户修建百花园时栽植。

日照市莒县龙山镇乌柏

种名： 乌桕

树龄： 200 年

学名： *Triadica sebifera* (L.) Small

位置信息： 北纬 35.549587 东经 118.996395

科属： 大戟科 Euphorbiaceae 乌桕属 *Triadica*

此树位于日照市莒县龙山镇柏崖村原学校内。树高9.5米，胸径65厘米，平均冠幅9.3米。

北枳椇

北枳椇（*Hovenia dulcis* Thunb.）隶属鼠李科（Rhamnaceae）枳椇属（*Hovenia*），别名拐枣。落叶乔木。小枝褐色或黑紫色，无毛。单叶，互生；叶纸质或厚膜质，卵圆形、宽矩圆形或椭圆状卵形，顶端短渐尖或渐尖，基部截形，边缘有不整齐的锯齿。花黄绿色，聚伞圆锥花序。浆果状核果近球形，无毛，成熟时黑色，花序轴结果时稍膨大，种子深栗色或黑紫色。花期5—7月，果期8—10月。

北枳椇分布于河北、山东、山西、河南、陕西、甘肃、四川、湖北、安徽、江苏、江西等省份。山东分布在鲁中南及胶东山区丘陵，济南、青岛、泰安等地栽培。

北枳椇抗旱，耐寒，耐瘠薄。树势优美，枝叶繁茂，叶大浓荫，果梗虬曲，状甚奇特，是“四旁”绿化的理想树种，亦作城市园林绿化树种。木材细致坚硬，可供建筑、制精细用具。其果序轴肥大肉质，除鲜食外，可用作酿酒、制醋、制糖。

北枳椇在中国栽培利用的历史久远。早在《诗经·小雅》中就有：“南山有枸”的诗句。据《辞源》解释：“枸即枳椇，南山谓之秦岭”。《陆疏》记载：“枸树山木，其状如栌，高大如白杨，枝柯不直，子着枝端，大如指，长数寸，啖之甘美如饴，八九月熟。今官园种之，谓之木蜜”。古语云：“‘枳枸来巢’，言其味甘，故飞鸟慕而巢之”。

青岛市崂山区王哥庄街道北枳椇

种名： 北枳椇

树龄： 100 年

学名： *Hovenia dulcis* Thunb.

位置信息： 北纬 36.202307 东经 120.654285

科属： 鼠李科 Rhamnaceae 枳椇属 *Hovenia*

此树位于青岛市崂山区王哥庄街道棋盘石明道观东南路边。树高 14.3 米，胸径 58.6 厘米，平均冠幅 13.3 米。

鼠李

鼠李（*Rhamnus davurica* Pall.）隶属鼠李科（Rhamnaceae）鼠李属（*Rhamnus*）。落叶灌木或小乔木。枝对生或近对生，褐色，无毛，枝顶端常有大的芽而不形成刺，顶芽及腋芽较大，卵圆形，淡褐色。单叶，对生或近对生，叶纸质，对生或近对生，或在短枝上簇生，宽椭圆形或卵圆形，边缘具圆齿状细锯齿，齿端常有红色腺体。花单性，雌雄异株，花4基数，有花瓣，子房上位，花柱2~3浅裂或半裂。核果球形，黑色，种子卵圆形，黄褐色。花期5—6月，果期7—10月。

鼠李分布于黑龙江、吉林、辽宁、河北、山西等省份。山东淄博、泰安、青岛、临沂、济南等地有分布。

鼠李适应性强，耐干旱瘠薄。树形美观，为优良绿化树种。其木材坚硬，结构细致，纹理美观，可供家具和雕刻用。果肉可供药用，树皮、叶可提取栲胶，树皮、果实可提取黄色染料。

枣庄市滕州市鲍沟镇鼠李

种名：鼠李

树龄：300 年

学名：*Rhamnus davurica* Pall.

位置信息：北纬 34.958805 东经 117.107386

科属：鼠李科 Rhamnaceae 鼠李属 *Rhamnus*

此树位于枣庄市滕州市鲍沟镇甄洼村。树体强盛，枝繁叶茂，树高5米，胸围100厘米，平均冠幅达6.2米，望之一片郁郁葱葱，颇为壮观。

鼠李为清康熙年间甄氏祖先修建祖坟时栽种，历百年风雨仍生机勃发，经岁月变迁而繁茂更盛，让人心生敬意。

枣

枣（*Ziziphus jujuba* Mill.） 隶属鼠李科（Rhamnaceae）枣属（*Ziziphus*），别名红枣。落叶小乔木。树皮褐色或灰褐色，纵裂小枝红褐色，光滑，有托叶刺。单叶，互生，叶纸质，卵形，卵状椭圆形边缘有圆齿状锯齿。花单生或2~8个密集成腋生聚伞花序，花黄绿色，花萼裂片5，卵状三角形，花盘厚，肉质，圆形，5裂。核果长圆形，成熟时红色，后变红紫色，中果皮肉质，味甜。花期5—7月，果期8—9月。

枣分布于吉林、辽宁、河北、山东、山西、陕西、河南、甘肃、新疆、安徽、江苏、浙江、江西、福建、广东、广西、湖南、湖北、四川、云南、贵州。山东各地普遍栽培。

枣的花期较长，芳香多蜜，为良好的蜜源植物。果实味甜，含有丰富的维生素C、P，除供鲜食外，常可以制成蜜枣、红枣、熏枣、黑枣、酒枣及牙枣等蜜饯和果脯，还可以作枣泥、枣面、枣酒、枣醋等，为食品工业原料。亦可供药用，有养胃、健脾、益血、滋补、强身之效，枣仁和根均可入药，枣仁可以安神，为重要药品之一。

枣林有防风，固沙、降低风速、调节气温、防止和减轻干热风危害的作用，对间作物生长影响颇大。枣树作为防风林的文字记载，最早出现在《神异经》中："北方荒中有枣林，高五十丈，敷张枝条，数里余，疾风不能偃、雷电不能催。"描写了枣树林带的规模和作用。

泰安市宁阳县葛石镇神童山“枣树王”

种名： 枣

树龄： 1600 年

学名： *Ziziphus jujuba* Mill.

位置信息： 北纬 35.771580 东经 116.964568

科属： 鼠李科 Rhamnaceae 枣属 *Ziziphus*

此树位于泰安市宁阳县葛石镇黑石村好运枣园。树高10米，胸径47.1厘米，平均冠幅11.3米。生长旺盛，年产红枣近150公斤。

远观枣树峻峭葱茏，树冠犹如伸开的五指向天空舒展，错节的枝浓密的叶像一把大伞撑开一片浓郁和清凉，可谓亭亭如盖，如松茂矣。它汲天地之灵气，蕴日月之精华，历经千年长盛不衰，饱经沧桑屈曲倔强，当地村民称其为“万枣之王”。特别是灰褐色的树身处那一双深邃的“眼睛”眺望着远方，凝视着养育它的沃土，笑迎八方来客，希冀美好未来，当地人以“神树”崇拜。据说“神树”有求必应，十分灵验。每年除夕，当地枣农都会自发来到枣树王下，祈求来年五谷丰登。

每到春天，枣树王郁郁苍苍，枝繁叶茂；夏季浓郁蔽日，硕果压枝；秋天红星闪耀，好鸟相鸣；冬天铁干虬枝，苍劲峥嵘。游客来到枣树王下，合影留念，抱一下枣树王，寄“枣进步、枣成才、枣生贵子、枣发财、枣如意”之寓意。

滨州市无棣县信阳镇“冬枣王”

种名：枣

树龄：1400 年

学名：*Ziziphus jujuba* Mill.

位置信息：北纬 37.797670 东经 117.575910

科属：鼠李科 Rhamnaceae 枣属 *Ziziphus*

此树位于滨州市无棣县信阳镇李楼村内。树高7米，胸径120厘米，平均冠幅9米。

枣树主干结九瘿，穿七窍，乱枝交错，枝繁叶茂，硕果累累。据记载，此树系公元621年所栽，距今已有1400年历史，是迄今为止发现的最古老的枣树。该村村民将其尊为“寿树”，从不折损一枝一叶，称其果为“寿果”，传说食用一颗可延寿三年，成熟后采摘下珍藏，四方乡邻常求索为药引，医治疾病。1992年，无棣县政府为其树碑立传，成为了无棣县一大景观。

关于这棵唐枣树，在当地流传着一首儿歌：“枣树王枣树王，救了魏王美名扬。救济百姓度灾年，人人都来把你唱。”每到枣儿成熟的时候，村子里的孩子们就抱着这棵唐枣树唱这首歌。

滨州市无棣县埕口镇枣树

种名： 枣

树龄： 1100 年

学名： *Ziziphus jujuba* Mill.

位置信息： 北纬 38.106360 东经 117.732360

科属： 鼠李科 Rhamnaceae 枣属 *Ziziphus*

此树位于滨州市无棣县埕口镇后埕村内。树高4米，胸径46厘米，平均冠幅4米。

此树树干中空，在底部开裂为两部分，长势都比较旺盛，结果较多。据介绍，这棵树每年产鲜枣100公斤。枣果实皮薄爽脆香甜无比，堪称枣中精品。

滨州市博兴县庞家镇金丝小枣

种名： 枣

树龄： 200 年

学名： *Ziziphus jujuba* Mill. 'jinsikuiwang'

位置信息： 北纬 37.248500 东经 118.122900

科属： 鼠李科 Rhamnaceae 枣属 *Ziziphus*

此金丝小枣古树群于滨州市博兴县庞家镇八甲村北，古树群分布较分散，共有11株枣树。最大的一株树龄200年，树高8.5米，胸径35厘米，平均冠幅7.8米。

金丝小枣个大、色艳、皮薄、肉质脆而致密，生食甘甜可口，制干后果肉变为浅黄色，掰开后有金黄色的糖丝。

滨州市博兴县庞家镇凌枣

种名：枣

树龄：200 年

学名：*Ziziphus jujuba* Mill. 'Kongfusucui'

位置信息：北纬 37.236090 东经 118.088200

科属：鼠李科 Rhamnaceae 枣属 *Ziziphus*

此树位于滨州市博兴县庞家镇西高村村东南枣树群内。树高 9 米，胸径 30 厘米，平均冠幅 8.5 米。

远观枣树峻峭葱茏，在枣树群中犹如众星捧月一般，每到春天，该枣树枝繁叶茂，夏季硕果压枝，秋天红星点点，冬天苍劲峥嵘，具有较高的观赏价值。

滨州市沾化区下洼镇冬枣

种名： 枣

树龄： 300 年

学名： *Ziziphus jujuba* Mill. cv. *Dongzao*

位置信息： 北纬 37.688350 东经 117.899900

科属： 鼠李科 Rhamnaceae 枣属 *Ziziphus*

此树位于滨州市沾化区下洼镇于一村冬枣研究所院内。树高10米，胸径34厘米，平均冠幅7米，枝下高1.6米。

沾化冬枣自明朝年间即为宫廷贡品，特别是备受籍贯滨州的宣德帝孙皇后宠爱，成为朝中必备水果。明朝燕王朱棣“靖难”夺取皇位，北部边境蒙古部落又起兵叛乱，明成祖五次带兵亲征漠北，所经之地，或怕有疑兵，或清理奸细，加之军纪松懈，嗜杀成性，一路烧杀抢掠，弄得尸骨遍野，民不聊生，史称“燕王扫北”。途经沾化时，明军正欲包围村庄，却见村中百姓围在一棵老树面前跪拜，忽然老树上空霞光万丈，电闪雷鸣，接着飞沙走石，扑向军中。明军顿觉头晕目眩，不明所向。军师见此情景，连忙命令全军急行，越过本地村庄北进，此地百姓遂得平安，且人丁世代兴旺。村民们跪拜的那棵老树便是冬枣，危难之时，神灵大显，保佑一方百姓，当地百姓视为“神树”。斗移星转，历经沧桑，当年的那棵“神树”已干枯，而从其本木繁衍的第三代树迄今也已300余年，仍根深叶茂，每年结枣200多公斤，被誉为“冬枣嫡祖”。寻本溯源，沾化县被命名“中国冬枣之乡”。此树现移栽至沾化冬枣研究所院内，四周砌有围栏，树前立石牌。

菏泽市成武县伯乐集“龙头枣”

种名： 枣

树龄： 140 年

学名： *Ziziphus jujuba* Mill. 'Tortuosa'

位置信息： 北纬 34.998889 东经 115.866639

科属： 鼠李科 Rhamnaceae 枣属 *Ziziphus*

此树位于菏泽市成武县伯乐集镇苗庄村东西街南侧。树高8.1米，胸径25厘米，平均冠幅7米。

据当地老人苗崇石介绍，此树由其曾祖父栽植。枝条可用作鸟架用，树体造型优美，呈龙头状，故也称“龙头枣”，枣果呈哑铃型。

滨州市滨城区滨北街道圆铃枣

种名： 枣

树龄： 300 年

学名： *Ziziphus jujuba* Mill. 'Yuanling'

位置信息： 北纬 37.473530 东经 117.908830

科属： 鼠李科 Rhamnaceae 枣属 *Ziziphus*

此树位于滨州市滨城区滨北街道狮子李村内。树高3.3米，胸径83厘米，平均冠幅2.8米。主干干裂，干形扭曲缠绕，极具抽象艺术性。

圆铃枣是地方品种，历史悠久，主产于山东的茌平、东阿、聊城、齐河、济阳地区，潍坊、泰安、济宁、滨州等地也有栽培。圆铃大枣的来历有一段美丽的传说。黄河故道的古博陵一带，河水时常泛滥，五谷难生，百姓苦不堪言。某日，一对美丽的七彩凤凰盘旋而至，口衔几枚金黄色的种子，洒落在这片土地上，水患逐渐消退，后来这几颗种子生根发芽，茁壮成长，结出了圆铃状的红果，既能充饥，又可做营养美味，还能入药治病。自此圆铃大枣便广泛栽植，滋育造福着这方百姓。

德州市庆云县庆云镇“糖枣”

种名： 枣

学名： *Ziziphus jujuba* Mill.

科属： 鼠李科 Rhamnaceae 枣属 *Ziziphus*

树龄： 1400 年

位置信息： 北纬 37.795060 东经 117.448350

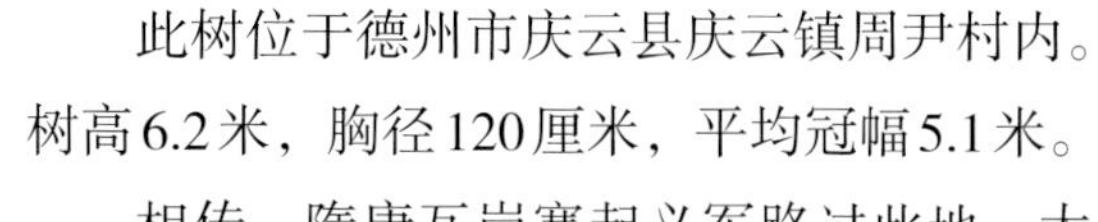

此树位于德州市庆云县庆云镇周尹村内。树高6.2米，胸径120厘米，平均冠幅5.1米。

相传，隋唐瓦岗寨起义军路过此地，大将罗成曾拴马于此，时值中秋，碧叶红果，景色宜人。一阵风过，几颗枣儿偶落鞍褥囊中，罗成不愿独享，随至京献于唐王李世民品尝。因枣儿色鲜味纯，甘甜透腑，被诏封为“糖枣”，后世讹传为“唐枣”。又传明燕王扫北至此忽降大雾，凡匿于树下的百姓均幸免于难，因而视此枣树为奇木。抗日战争期间，日军欲伐此树，当地居民冒死相护，中华之浩气，使敌不敢妄为。四方游客慕名而至，观其状貌，颂其寿永者络绎不绝。

济宁市曲阜市孔府后花园酸枣

种名： 酸枣

树龄： 600 年

学名： *Ziziphus jujuba* Mill. var. *spinosa* (Bge.) Hu ex H. F. Chow

位置信息： 北纬 35.598138

东经 116.986109

科属： 鼠李科 Rhamnaceae 枣属 *Ziziphus*

此树位于济宁市曲阜市鲁城街道孔府后花园。树高13米，胸径70厘米，平均冠幅8.8米。

孔府后花园，别名“铁山园”，建于明弘治十六年（公元1503年）。明嘉靖年间，严嵩成为当朝的权臣，把孙女嫁给了孔子六十四代孙衍圣公孔尚贤为一品夫人，又帮助“衍圣公”重修花园。清嘉庆年间，孔子第七十三代孙衍圣公孔庆镕重修时，将数块大型铁矿石置于园内，称“铁山园”。同时又大兴土木，扩建花园，集各地能工巧匠，搬来奇石怪岩，移植名花异草，使花园变得焕然一新。

花园占地面积约13万余平方米。入园门，由雪松下东行，路南圆门内探出一颗酸枣树，高10余米，围粗近1米。酸枣为落叶灌木，此株竟成了高大的乔木，是名副其实的酸枣王。

聊城市临清市青年路街道酸枣

种名： 酸枣

树龄： 600 年

学名： *Ziziphus jujuba* Mill. var. *spinosa* (Bge.) Hu ex H. F. Chow

位置信息： 北纬 36.802300 东经 115.646300

科属： 鼠李科 Rhamnaceae 枣属 *Ziziphus*

此树位于聊城市临清市青年路街道车庄村东河边。树高8.5米，胸径65厘米，平均冠幅5.5米。此树生长正常，树高枝大，叶多果丰。

相传600多年前，明洪武年间，燕王朱棣扫北后，地广人稀，开始了人口大迁徙。山西省洪洞县的方氏背井离乡落户到车庄村。迁入时，为怀念故土，将带来的一颗小酸枣树栽种至车庄村东小河边，后此地成为方氏坟茔地。成活后根深叶茂，后因连年大旱，酸枣树枯死。三年后，雨水充沛，酸枣树根萌蘖，同穴长成大小不等的两棵酸枣树。世事沧桑，酸枣树成为一段历史的记忆。

乌头叶蛇葡萄

乌头叶蛇葡萄（*Ampelopsis aconitifolia* Bge.）隶属葡萄科（Vitaceae）蛇葡萄属（*Ampelopsis*）。落叶木质藤本。小枝被疏柔毛，圆柱形，卷须2~3分枝，相隔两节间断与叶对生。掌状复叶，互生，具小叶5，小叶3~5羽裂，披针形或菱状披针形。伞房状复二歧聚伞花序，通常与叶对生或假顶生，花瓣5，卵圆形，无毛花小，黄绿色，子房下部与花盘合生，花柱砖形。浆果近球形，熟时橙黄色，有种子2~3。花期5—6月，果期8—9月。

乌头叶蛇葡萄产于内蒙古、河北、甘肃、陕西、山西、河南等省份。山东泰山、崂山、莲花山等地有分布。青岛中山公园有栽种。

乌头叶蛇葡萄根药用，有活血散瘀、消炎止痛的功效。

德州市宁津县大曹镇乌头叶蛇葡萄

种名： 乌头叶蛇葡萄

树龄： 100 年

学名： *Ampelopsis aconitifolia* Bge.

位置信息： 北纬 37.247920 东经 116.644950

科属： 葡萄科 Vitaceae 蛇葡萄属 *Ampelopsis*

此树位于德州市宁津县大曹镇包庄村。树高2米，胸径33厘米。生长旺盛。

地锦

地锦【*Parthenocissus tricuspidata*(Sieb. et Zucc.) Planch.】隶属葡萄科(*Vitaceae*)地锦属(*Parthenocissus*),别名爬墙虎。落叶木质藤本。枝上有卷须,卷须短,5~9分枝。单叶,互生,叶片通常倒卵圆形,边缘有粗锯齿,上面无毛,下面有少数毛或近无毛,叶片及叶脉对称。多歧伞状花序通常生于短枝顶端两叶之间,主轴不明显,花萼筒蝶形,全缘,花瓣5,长椭圆形,子房椭球形,花柱短圆柱形,基部粗。浆果小球形,熟时蓝黑色,被白粉具1~3种子。花期6—7月,果期7—8月。

地锦分布于吉林、辽宁、河北、河南、山东、安徽、江苏、浙江、福建、台湾。山东分布于各山地丘陵,各地常见栽培。

地锦夏季枝叶茂密,常攀缘在墙壁或岩石上,可用于绿化房屋墙壁、公园山石,既可美化环境,又能降温,调节空气,减少噪音。在立体绿化中广泛应用。其根、茎可入药,果可酿酒。

淄博市周村区永安路街道地锦

种名： 地锦

树龄： 200 年

学名： *Parthenocissus tricuspidata* (Sieb. et Zucc.) Planch.

位置信息： 北纬 36.799141 东经 117.835876

科属： 葡萄科 Vitaceae 地锦属 *Parthenocissus*

此树位于淄博市周村区大街街道长安社区大街183号。胸径35厘米，藤长7米，展幅7米。被称为“锦中之王、树中之宝”。

栾树

栾树（*Koelreuteria paniculata* Laxm.）隶属无患子科（Sapindaceae）栾属（*Koelreuteria*）。落叶乔木。树皮灰褐色至灰黑色，纵裂，小枝有柔毛。一回或不完全的二回奇数羽状复叶，互生，具小叶7~15，小叶对生或互生。聚伞状圆锥花序，顶生，有柔毛，花杂性，黄色，中心紫色。蒴果椭圆形，膨胀，顶端渐尖，果皮膜质，3瓣裂，有网状脉。种子近球形，黑色，有光泽。花期6—8月，果期8—9月。

栾树分布在黄河流域和长江流域下游。山东分布于鲁中南和胶东山地丘陵。各地普遍栽培。

栾树喜光，耐寒，耐干旱瘠薄，不耐水淹，适应性强。春季嫩叶多为红叶，夏季黄花满树，入秋叶色变黄，果实紫红，形似灯笼，十分美丽，是优良绿化观赏树种。木材黄白色，易加工，可制家具。叶可作蓝色染料，花供药用，亦可作黄色染料。可提制栲胶，种子可榨油。

栾树在秋天叶变黄后像铜钱，风吹手摇，树叶飘落，就像钱币落下，所以别名“摇钱树”。开花季节，如同披上了黄金甲，栾树最绚烂的“花”，其实是它的蒴果。民间还有把栾树叫作“大夫树”。春秋《含文嘉》曰：“天子坟高三仞，树以松；诸侯半之，树以柏；大夫八尺，树以栾；士四尺，树以槐；庶人无坟，树以杨柳。”其意从皇帝到普通老百姓的墓葬按周礼分五等，其上可分别栽种不同的树以彰显身份。士大夫的墓地栽栾树，因得“大夫树”之名。

济宁市嘉祥县纸坊镇法云寺栾树

种名： 栾树

树龄： 1000年

学名： *Koelreuteria paniculata* Laxm.

位置信息： 北纬35.326249 东经116.305401

科属： 无患子科 Sapindaceae 栾属 *Koelreuteria*

此树位于济宁市嘉祥县纸坊镇西焦村法云寺门口。树高9.3米，胸径60厘米，平均冠幅8.4米。

法云寺，别名发云寺，始建于唐代，因有“天下神数发云”之说而得名。法云寺历经沧桑，几经兴衰，数经修复，一直香火不断，影响颇广。据考证，栾树为北宋年间修缮寺庙时栽种。

烟台市芝罘区烟台山公园栾树

种名： 栾树

树龄： 600 年

学名： *Koelreuteria paniculata* Laxm.

位置信息： 北纬 37.547667 东经 121.397189

科属： 无患子科 Sapindaceae 栾属 *Koelreuteria*

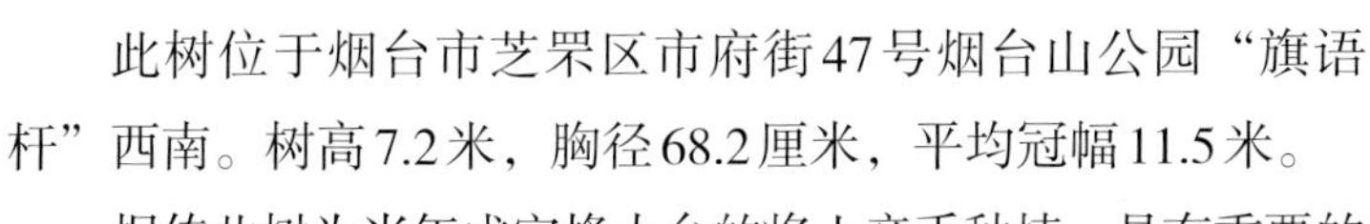

此树位于烟台市芝罘区市府街47号烟台山公园“旗语杆”西南。树高7.2米，胸径68.2厘米，平均冠幅11.5米。

据传此树为当年戍守烽火台的将士亲手种植，具有重要的保护和观赏价值，虽经历雷劈、狂风等自然灾害，但经管理人员的精心呵护，目前仍枝繁、叶茂、花浓，景象蔚为壮观。

文冠果

文冠果（*Xanthoceras sorbifolium* Bge.）隶属无患子科（Sapindaceae）文冠果属（*Xanthoceras*），别名文官果。落叶小乔木。树皮灰褐色，纵裂，小枝粗壮，褐红色，无毛，鳞芽。奇数羽状复叶，互生，叶连柄长15~30厘米，小叶9~19，边缘有锐锯齿。总状花序，两性花序顶生，花瓣5，白色，基部紫红色或黄色，花盘5裂，子房上位，3室，花柱短粗。蒴果三角状球形，果皮木质，种子近球形，黑色而有光泽。花期4—5月，果期7—8月。

文冠果产于我国北部和东北部，西至宁夏、甘肃，东北至辽宁，北至内蒙古，南至河南。山东各地林场及公园、庭院有引种栽培。

文冠果适应性强，耐干旱瘠薄，是优良绿化和园林观赏树种，又是重要的木本油料经济树种。种子可食，种仁含脂肪57.18%、蛋白质29.69%、淀粉9.04%、灰分2.65%，营养价值高。

文冠果起源于侏罗纪到白垩纪时期，已有6500年的历史，有“东方神树”之美誉。1200多年前，我们的祖先就开始认识文冠果。明万历年间京官蒋一葵撰《长安客话》载：“文官果肉旋如螺，实初成甘香，久则微苦。昔唐德宗幸奉天，民献是果，遂官其人，故名。”这就是“文官果”之名的来历。后来，文官都按照文冠果开花的次序穿袍，首穿白袍，次着绿袍，再穿红袍，最大的官才穿紫袍，以此区分官阶的大小。

民间相传文冠果是神树，最早由僧人引种。在藏传佛教界，每建一处新的寺庙，僧侣都要栽种文冠果，是北方寺庙的专有树种，素有“南有菩提树，北有文冠果”的赞誉。文冠果油被用作佛前长明灯用油，以示佛光普照，神道长明。

淄博市沂源县鲁村镇文冠果

种名： 文冠果

树龄： 500 年

学名： *Xanthoceras sorbifolium* Bge.

位置信息： 北纬 36.137951 东经 117.914616

科属： 无患子科 Sapindaceae 文冠果属 *Xanthoceras*

此树位于淄博市沂源县鲁村镇姬家峪村。树高7.2米，胸径41.4厘米，平均冠幅5米。

烟台市长岛区黑山乡文冠果

种名：文冠果

树龄：410 年

学名：*Xanthoceras sorbifolium* Bge.

位置信息：北纬 37.965665 东经 120.622065

科属：无患子科 Sapindaceae 文冠果属 *Xanthoceras*

此树位于烟台市长岛县黑山乡北庄村花园学校院内。树高3.2米，胸径66.9厘米，平均冠幅4.1米。目前树势衰弱，顶端枯死。

潍坊市寿光市文家街道文冠果

种名： 文冠果

树龄： 300 年

学名： *Xanthoceras sorbifolium* Bge.

位置信息： 北纬 36.922808 东经 118.731447

科属： 无患子科 Sapindaceae 文冠果属 *Xanthoceras*

此树位于潍坊市寿光市文家街道北付村。树高5.5米，胸径28厘米，平均冠幅3.5米。冠近似圆形，生长旺盛。

三角枫

三角枫（*Acer buergerianum* Miq.）隶属槭树科（Aceraceae）槭属（*Acer*），正名三角槭。落叶乔木。树皮灰色，老年树多呈块状剥落，小枝细瘦，当年生枝紫色或紫绿色，多年生枝淡灰色或灰褐色，冬芽长卵圆形。单叶，对生，叶近革质，先端渐尖，全缘或仅在近端处有稀疏锯齿，上面光滑，下面被有白粉或短柔毛。伞状花序，顶生，花杂性，萼片5，卵形，黄绿色拟花瓣，花柱短，柱头2裂。翅果黄褐色，果核凸出，果翅展开成锐角，两果翅前伸外沿近平行。花期5月，果期9月。

三角枫产于河南、安徽、江苏、浙江、山东、江西、湖北、湖南、贵州和广东等省份。山东济南、青岛、潍坊、泰安、临沂等地栽培。

三角枫喜光，稍耐阴，稍耐寒，较耐水湿。枝叶浓密，夏季浓荫覆地，入秋叶色变成暗红，秀色可餐。宜作庭荫树、行道树及护岸树种。其木材优良，可制农具。根皮、茎皮可入药。

青岛市崂山区王哥庄街道三角枫

种名：三角槭

树龄：120 年

学名：*Acer buergerianum* Miq.

位置信息：北纬 36.244121 东经 120.644079

科属：槭树科 Aceraceae 槭树属 *Acer*

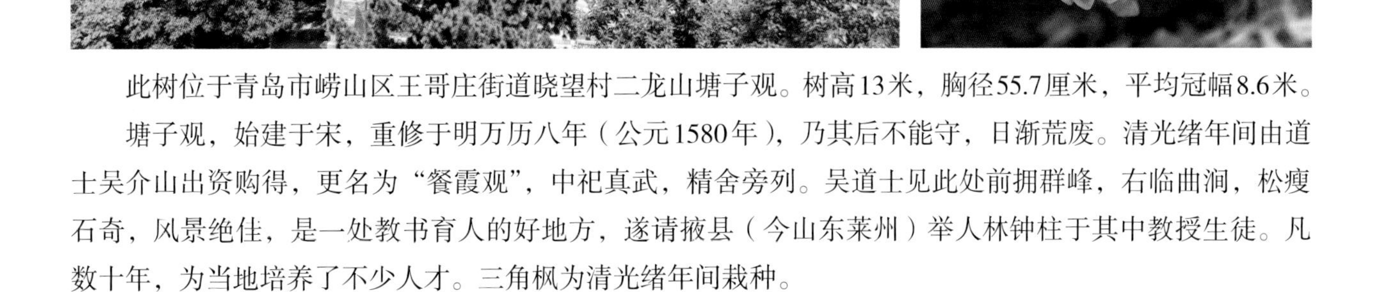

此树位于青岛市崂山区王哥庄街道晓望村二龙山塘子观。树高13米，胸径55.7厘米，平均冠幅8.6米。

塘子观，始建于宋，重修于明万历八年（公元1580年），乃其后不能守，日渐荒废。清光绪年间由道士吴介山出资购得，更名为“餐霞观”，中祀真武，精舍旁列。吴道士见此处前拥群峰，右临曲涧，松瘦石奇，风景绝佳，是一处教书育人的好地方，遂请掖县（今山东莱州）举人林钟柱于其中教授生徒。凡数十年，为当地培养了不少人才。三角枫为清光绪年间栽种。

青岛市城阳区流亭街道三角枫

种名：三角槭

树龄：140 年

学名：*Acer buergerianum* Miq.

位置信息：北纬 36.288295 东经 120.378615

科属：槭树科 Aceraceae 槭树属 *Acer*

此树位于青岛市城阳区流亭街道北后楼村社区广场西北侧。树高 5.5 米，胸径 45.3 厘米，平均冠幅 3.75 米。

五角枫

五角枫【*Acer pictum* Thunb. subsp. *mono*（Maxim）H. Ohashi】隶属槭树科（Aceraceae）槭树属（*Acer*），别名色木槭、地锦槭。落叶乔木。树皮暗灰色或褐灰色，纵裂，小枝灰色，初有梳毛，后脱落。单叶，对生，叶片宽矩圆形，掌状5裂，深达叶片中部；裂片宽三角形，全缘，掌状脉5条出自基部，叶基常心形。圆锥状伞房花序，顶生，花杂性，5数，雄蕊8。萼片黄绿色，花瓣黄白色。翅果长3~3.5厘米，果体扁平，双翅果，由成熟时淡黄色或带褐色，果翅长于果体2~3倍，两果翅开张成锐角或钝角。花期4—5月，果期8—9月。

五角枫产于东北、华北和长江流域各省份。山东分布于胶东半岛及蒙山、泰山，各地普遍栽培。

五角枫是北方重要的秋天观叶树种，叶形秀丽，嫩叶红色，入秋又变成橙黄或红色。其木材坚硬、细致，有光泽，可供家具、乐器、仪器、车辆、建筑细木工用材，树皮纤维良好，可作人造棉及造纸的原料，叶含鞣质，种子榨油，可供工业方面的用途，也可作食用。

淄博市淄川区太河镇五角枫

种名： 五角枫

树龄： 500 年

学名： *Acer pictum* Thunb. subsp. *mono* (Maxim) H. Ohashi

位置信息： 北纬 36.388023

东经 118.212838

科属： 槭树科 Aceraceae 槭树属 *Acer*

此树位于淄博市淄川区太河镇杨家村。树高14.2米，胸径500厘米，平均冠幅13.8米。生长旺盛。

据《李氏家谱》记载，此树为桑梓杨家庄人李彦所植，沐甚雨，栉疾风，嵯峨冲霄，驰名遐迩，有“枫王”之谓，乃鲁中奇观。

济南市历城区港沟街道“枫树王”

种名： 五角枫

树龄： 1000 年

学名： *Acer pictum* Thunb. subsp. *mono* (Maxim) H. Ohashi

位置信息： 北纬 36.586934 东经 117.138018

科属： 槭树科 Aceraceae 槭树属 *Acer*

此树位于济南市历城区港沟街道郭家庄朱凤山香义寺东南侧。树高13.5米，胸径82厘米，平均冠幅11.3米。生长旺盛。

此树已有千余年历史，为我国最大、最老的枫树之一，素有“枫树王”之称。

济南市历城区西营镇五角枫

种名： 五角枫	**树龄：** 800 年
学名： *Acer pictum* Thunb. subsp. *mono* (Maxim) H. Ohashi	**位置信息：** 北纬 36.467642
科属： 槭树科 Aceraceae 槭树属 *Acer*	东经 117.226997

此树位于济南市历城区西营镇阁老村龙集山生态农业观光区。树高14.5米，胸径100厘米，平均冠幅15.4米。

树冠庞大的五角枫挺拔茂密，像一只大伞立在山崖。传说，以前村中玉泉寺的和尚外出化缘，见到一棵小五角枫树苗很有灵性便移栽于此。从此，这片山岩在清晨就瑞气萦绕，如入仙境。又因五角枫有“五福”寓意，周围村民便常来这里拜树求福。

德州市临邑县收盘街道五角枫

种名： 五角枫

树龄： 300 年

学名： *Acer pictum* Thunb. subsp. *mono* (Maxim) H. Ohashi

位置信息： 北纬 37.159720
东经 116.804190

科属： 槭树科 Aceraceae 槭树属 *Acer*

此树位于德州市临邑县收盘街道宋家村。树高20米，胸径60厘米，平均冠幅10米。

此处曾有一座狐仙庙，过往行人特别是乞食者，常在庙宇里避风躲雨，消灾避难。据说狐仙老爷每天将一大笸箩干粮，放在门前，施舍过往行人。清康熙年间，东轩主人《述异记》中曾载："德州有狐仙庙，能知未来事。"

元宝枫

元宝枫（*Acer truncatum* Bge.）隶属槭树科（Aceraceae）槭属（*Acer*），正名元宝槭，别名平基槭、华北五角枫。落叶乔木。树皮灰褐色或深褐色，深纵裂，一年生嫩枝绿色，后渐变为红褐色或灰棕色，无毛，冬芽卵形。单叶，对生，纸质，裂片三角形或披针形，先端锐尖或尾状锐尖，全缘。花黄绿色，杂性，常成无毛的伞房花序。小坚果压扁状，翅长圆形，两侧平行，常与小坚果等长，张开成直角或钝角。花期4—5月，果期8—10月。

元宝枫分布于吉林、辽宁、内蒙古、河北、山西、山东、江苏、安徽、河南、陕西及甘肃等省份，内蒙古赤峰市分布有我国最大的天然林，有古树7万~8万棵，最大胸径1.2米，树龄500年。山东鲁中南及胶东山地丘陵有分布，各地普遍栽培。山东元宝枫古树资源共14株，分布于青岛崂山区、莱阳市、青州市、五莲县、泗水县和临沂河东区等地。

元宝枫为中国特有树种，树姿优美，叶片形状独特，秋叶呈黄色或红色，具有观赏、食用、药用等诸多价值，广泛应用于生态造林、木本油料经济林、园林景观等，被列为国家储备林建设和发展木本油料的重点树种。

元宝枫木材坚韧细致，可作车辆、器具等。自古以来元宝枫便是珍贵茶品——枫露茶的原料，现代被开发成多种速溶茶、保健茶。元宝枫籽油是含油酸和亚油酸的半干性油，油质优良。

莱阳市沐浴店镇元宝枫

种名： 元宝槭

树龄： 200 年

学名： *Acer truncatum* Bge.

位置信息： 北纬 37.097087 东经 120.797677

科属： 槭树科 Aceraceae 槭属 *Acer*

此古树群位于烟台市莱阳市沐浴店镇上步家村村西。共有5株，平均树龄200年。最大一株树高11.6米，胸径79.6厘米，平均冠幅14.1米。集中分布于村西石棚上，长势旺盛，为集体所有。

潍坊市青州市庙子镇元宝枫

种名：元宝槭　　**树龄：**300 年

学名：*Acer truncatum* Bge.　　**位置信息：**北纬 36.521256 东经 118.238425

科属：槭树科 Aceraceae 槭属 *Acer*

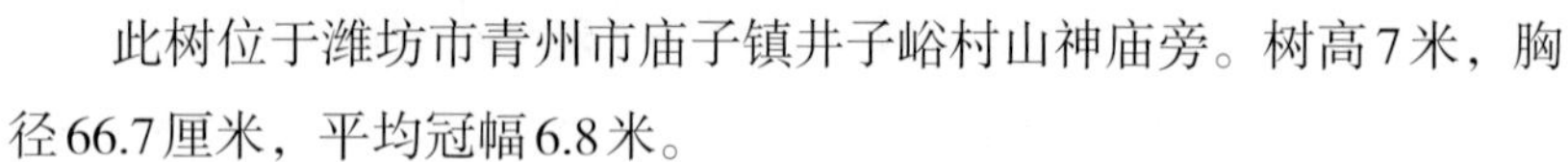

此树位于潍坊市青州市庙子镇井子峪村山神庙旁。树高7米，胸径66.7厘米，平均冠幅6.8米。

此树生于路旁山坡，长势一般，为集体所有，据考证，为清康熙年间村民所植。

青岛市崂山区北宅街道元宝枫

种名： 元宝槭

树龄： 150 年

学名： *Acer truncatum* Bge.

位置信息： 北纬 36.231827 东经 120.565663

科属： 槭树科 Aceraceae 槭属 *Acer*

此树位于青岛市崂山区北宅街道晖流村神清宫。树高12米，胸径112.7厘米，平均冠幅20米。

此树生于路旁山坡，长势旺盛，管理良好，为集体所有。据《重修神清宫碑记》载，神清宫为崂山古老道观之一，元、明两代迭经重修，至清代康熙中期和民国十二年又加修葺。宫中祀三清，后为玉皇阁，东厢为精舍，西厢为救苦殿，周围有长春洞、自然碑、摘星台、会仙台等诸多名胜，邱处机来崂山时曾居此。1939年该宫遭日军烧毁，1943年又被日军轰炸，庙舍全毁，只留下神清宫的最大标志，就是宫旁的古老元宝枫。此树枝繁叶茂浓荫蔽日，整个树根盘结在巨石上，树根苍劲有力，让人着实体会到生命的力量，许多游人都在树下休憩，故将其称为崂山的迎客槭。

黄连木

黄连木（*Pistacia chinensis* Bge.）隶属漆树科（Anacardiaceae）黄连木属（*Pistacia*），别名楷木、楷树。落叶乔木。皮暗褐色，呈鳞片状剥落，枝叶有特殊气味。偶数羽状复叶，互生，有小叶5~6对，小叶对生或近对生，先端渐尖，全缘，幼时有毛，后光滑，羽状脉。圆锥花序，腋生，花单性异，雌雄异株，子房上位，球形，柱头3，红色。核果倒卵状球形，熟时紫红色、紫蓝色，略扁，有白粉，内果皮骨质。花期4—5月，果期9—10月。

黄连木分布于河北、山西、陕西、甘肃、河南、安徽、江苏、浙江、福建等省份。山东各山区丘陵有分布，曲阜孔林有大树。

黄连木喜光，喜温暖，耐干旱瘠薄，适应性强，抗性较强，是优良绿化观赏树种。其木材鲜黄，可提黄色染料，坚硬致密，可供家具和细工用材。种子榨油可作润滑油或制皂。幼叶可作蔬菜，可代茶。

济南市平阴县孔村镇黄连木

种名： 黄连木

树龄： 2500 年

学名： *Pistacia chinensis* Bge.

位置信息： 北纬 36.166007 东经 116.363988

科属： 漆树科 Anacardiaceae 黄连木属 *Pistacia*

此树位于济南市平阴县孔村镇高路桥村。树高14.6米，胸径120.38厘米，平均冠幅12.4米。

此树树干疏而不曲，刚直挺拔，自古便是尊师重教的象征。孔门七十二贤之一高柴的后人在山里立村为茅峪庄，村北修建一座石孔桥，因先祖高柴是鲁国孔门弟子，称为“高鲁桥”，后改为“高路桥”。嘉庆《平阴县志》记为“高鲁桥”，当年村内有“寿圣祠”和“书院”，相传孔子去世后，弟子“寿圣”高柴移来楷木苗植于书院前，尊树为师。

临沂市蒙阴县联城镇黄连木

种名：黄连木

树龄：2000 年

学名：*Pistacia chinensis* Bge.

位置信息：北纬 35.697210 东经 117.870241

科属：漆树科 Anacardiaceae 黄连木属 *Pistacia*

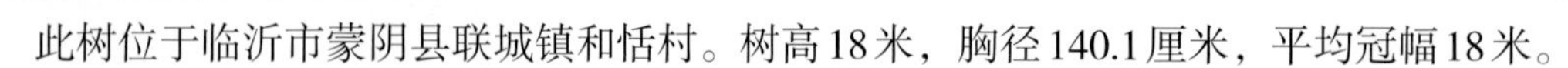

此树位于临沂市蒙阴县联城镇和恬村。树高 18 米，胸径 140.1 厘米，平均冠幅 18 米。

和恬村是秦朝战神蒙恬的故里，相传蒙恬曾改良过毛笔，因此在当地被人们奉为“笔祖”。据考证，此黄连木为西汉末年栽种。

济宁市曲阜市周公庙黄连木

种名： 黄连木

树龄： 1600 年

学名： *Pistacia chinensis* Bge.

位置信息： 北纬 35.601618 东经 116.998735

科属： 漆树科 Anacardiaceae 黄连木属 *Pistacia*

此树位于济宁市曲阜市鲁城街道周公庙大门内。树高18.9米，胸径131厘米，平均冠幅19.3米。

曲阜周公庙，是全国三大周公庙之一。按周朝宗法制度，周公被分封于鲁。因公留佐成王，故长子伯禽就封，建鲁国。因周公佐周之殊功，特许伯禽于鲁设立太庙，以祀远祖。周公死后，并祀之。宋大中祥符元年（公元1008年），朝廷追封周公为文宪王，并在原太庙旧址设立周公庙，以后周公庙历经宋、金、元、明、清历代6次增修扩建，才具有了今天周公庙的建筑和规模。据考证，此黄连木为东晋年间栽种。

临沂市蒙阴县常路镇黄连木

种名：黄连木

树龄：1600 年

学名：*Pistacia chinensis* Bge.

位置信息：北纬 35.857097 东经 117.875821

科属：漆树科 Anacardiaceae 黄连木属 *Pistacia*

此树位于临沂市蒙阴县常路镇王莽峪。树高19.3米，胸径71.7厘米，平均冠幅11.5米。

由于原来缺乏管理，早些年这棵黄连古树大部分树枝枯死。后来在村中老人的精心照料下，如今这棵黄连树枝叶茂盛。到了秋天树叶由绿变黄、由黄变红、三色相间，秋风一吹，树叶飘飘扬扬，像翩翩起舞的蝴蝶，引来不少人观看。现在这棵黄连古树成为了当地村民心目中的“神树”，过年过节或者出远门时，村民都要来到树下鸣放鞭炮，焚香祭奠古树，以保平安。

济宁市任城区黄连木

种名： 黄连木

树龄： 2400 年

学名： *Pistacia chinensis* Bge.

位置信息： 北纬 35.413155 东经 116.592157

科属： 漆树科 Anacardiaceae 黄连木属 *Pistacia*

此树位于济宁市任城区古楷园路古楷园小区西北角。树高 14 米，胸径 145 厘米，平均冠幅 15.1 米。

该黄连木是济宁城区树龄最大的古树，这株黄连木当时就种在任子祠（传说是为纪念孔子弟子任不齐的祠堂）前面，有“先有楷子树，后有济宁城”之说。经多次历史变革，原祠堂已无踪迹，只有这棵古楷树经风历雨，高耸屹立。虽然经历了 2400 多年，依然亭亭如盖，苍翠逼人，小区也因此得名“古楷园小区”。

济宁市曲阜市孔林黄连木

种名： 黄连木

树龄： 1200年

学名： *Pistacia chinensis* Bge.

位置信息： 北纬35.619675 东经116.992232

科属： 漆树科 Anacardiaceae 黄连木属 *Pistacia*

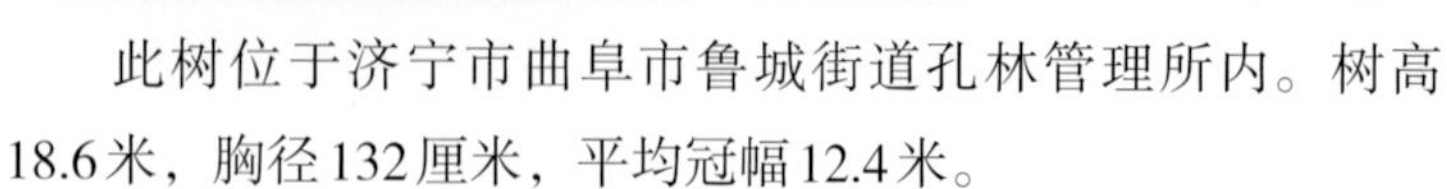

此树位于济宁市曲阜市鲁城街道孔林管理所内。树高18.6米，胸径132厘米，平均冠幅12.4米。

日照市五莲县街头镇黄连木

种名： 黄连木

树龄： 1000 年

学名： *Pistacia chinensis* Bge.

位置信息： 北纬 35.568185 东经 119.125362

科属： 漆树科 Anacardiaceae 黄连木属 *Pistacia*

此树位于日照市五莲县街头镇房家沟村西顶。树高16米，胸径100厘米，平均冠幅19.35米。

近观此树，树干粗壮，树冠开阔，树枝繁杂，如龙蛇盘旋，树根如虬龙盘绕，树皮为暗褐色，呈鳞片状。相传，民族英雄戚继光在东南沿海大败倭寇之后，有一小股残余倭寇乘混乱之际窜至房家沟村一带，村里有个房姓老人在与倭寇的最后一场决战中不幸饮弹，生命垂危。老人牺牲后，儿女们遵照遗嘱，冒雨把老人和种子一起葬在了村东的一座小山坡上。葬后第二天，种子破土而出，钻出坟头，不几日长成一棵小树苗。短短两三年工夫，小树苗就已长成一棵参天大树，村中人无不以为奇。为纪念这位不舍故土不忘祖先的老人，人们将此树取名“海州树”，别名“抗倭树”。

菏泽市牡丹区黄连木

种名： 黄连木

树龄： 800 年

学名： *Pistacia chinensis* Bge.

位置信息： 北纬 35.226928 东经 115.539823

科属： 漆树科 Anacardiaceae 黄连木属 *Pistacia*

此树位于菏泽市牡丹区岳程街道冉贤集冉子仲弓祠。树高15米，胸径89.2厘米，平均冠幅10.5米。

相传此树是冉子五十五代孙冉瞻所植，距今800余年了，现仍枝茂叶繁，形如巨伞，秋风起处，一树金黄。此树为全国最古老的楷树之一，堪称“菏泽古树之王”。

潍坊市诸城市林家庄镇黄连木

种名： 黄连木

树龄： 450 年

学名： *Pistacia chinensis* Bge.

位置信息： 北纬 35.978888 东经 119.572625

科属： 漆树科 Anacardiaceae 黄连木属 *Pistacia*

此树位于潍坊市诸城市林家庄镇瓦店村。树高18.2米，胸径136.9厘米，平均冠幅26.5米。

传说明万历年间，有鹏鸟越障日山，落于此地，后生次树。管姓始祖目击奇之，遂移回家盆栽，并称此地为风水宝地，寿终选为茔地，并将此树连盆栽于墓前。树根破盆徒长，历数百年，长成七棱形树干，华盖般树冠，后人以为珍奇，称为“神树”。

枸杞

枸杞（*Lycium chinense* Mill.）隶属茄科（Solanaceae）枸杞属（*Lycium*）。落叶蔓性灌木。枝条弯曲或匍匐，无毛，有短刺或无，细弱，弓状弯曲或俯垂，淡灰色，有纵条纹，生叶和花的棘刺较长，小枝顶端锐尖成棘刺状。单叶，互生或簇生，叶卵形、卵状菱形、长椭圆形或卵状披针形，顶端急尖，基部楔形全缘，无毛，羽状脉。花在长枝上单生或双生于叶腋，在短枝上则同叶簇生，花冠漏斗状，淡紫色。浆果卵形或长卵形，红色，具宿存花萼，种子扁肾脏形，黄色。花果期6—11月。

枸杞分布于我国河北、山西、陕西、甘肃南部以及东北、西南、华中、华南和华东各省份。山东各地有分布，普遍栽培。

枸杞耐干旱，耐盐碱，可作为水土保持及盐碱地绿化树种。其树形婀娜，叶翠绿，花淡紫，果实鲜红，亦是很好的观赏树种。药食同源，枸杞子入药，嫩叶可食用，种子油可制润滑油或食用油、加工保健品。

枸杞始见于《诗经》。明代李时珍云："枸杞，二树名。此物棘如枸之刺，茎如杞之条，故兼名之。"道书言："千载枸杞，其形如犬，故得枸名，未审然否？"颂曰："仙人杖有三种：一是枸杞；一是菜类，叶似苦苣；一是枯死竹竿之色黑者也。"

青岛市市南区金门路街道枸杞

种名： 枸杞

树龄： 106 年

学名： *Lycium chinense* Mill.

位置信息： 北纬 36.072276 东经 120.398218

科属： 茄科 Solanaceae 枸杞属 *Lycium*

此树位于青岛市市南区金门路街道漳州路32号36号楼前。树高3.1米，胸径11厘米，平均冠幅1.8米。

菏泽市单县北城街道“枸杞树王”

种名： 枸杞

树龄： 500年

学名： *Lycium chinense* Mill.

位置信息： 北纬34.796392 东经116.084022

科属： 茄科 Solanaceae 枸杞属 *Lycium*

此树位于菏泽市单县北城街道武装部。树高4.7米，胸径16厘米，平均冠幅7.5米。

“枸杞树王”树冠像一把“巨型绿伞”，树冠发出密密匝匝的枝条，再加上细密的树叶，几乎密不透风。在树的旁边，有一方石碑，斑驳陆离，为明弘治年间所立，碑上花纹和小字已看不清楚，唯“圣旨”二字模糊可辩。

厚壳树

厚壳树（*Ehretia acuminata* R. Brown）隶属紫草科（Boraginaceae）厚壳树属（*Ehretia*），别名梭椤树。落叶乔木。树皮灰白色或灰褐色，枝淡褐色，有明显的皮孔，小枝无毛。单叶，互生，叶片纸质，基部楔形至圆形，边缘有向上内弯的锯齿，羽状脉，叶柄有纵沟。聚伞花序圆锥状，顶生或腋生，长8~20厘米，花萼钟状，绿色，5浅裂，裂片卵形。核果近球形，熟时黄色或橘黄色，直径3~4毫米。花果期4—9月。

厚壳树是珍贵的野生树种资源，分布于我国广西、华南、华东及台湾、山东、河南等省份，为适应性较强的树种。山东内主要分布于临沂、济宁、曲阜、日照等地。

厚壳树树冠紧凑圆满，枝叶繁茂，春季白花满枝，秋季红果遍树，是优良的绿化观赏树种。其木材可供建筑及家具用，树皮作染料，嫩芽可供食用，叶片可代茶，叶及果可制农药。

厚壳树叶片划痕成形，写字留迹，用指甲或其他尖硬的物品稍加用力在叶片上写字图画，显露出暗红色字迹，稍后由红变黑，字迹长久不退。相传宋代一位西宫娘娘与皇后争宠，西宫娘娘恶意诬陷，皇帝被蒙蔽，将皇后打入冷宫。皇后含冤，一心想向皇上说明冤情，无奈冷宫戒备森严，笔墨皆无，传不出书信。皇后孤寂度日，常坐在一棵树下对树诉冤。一日，她无意中发现，用金钗在叶片上划痕，痕迹变成了红色，于是，皇后将冤情用金钗写在树叶上，交由送饭宫女带出宫外，密交宰相转呈皇上。真相大白后，皇后昭雪。回宫后，皇后将那树移植至后宫内院，早晚供奉，以谢救命之恩。

济南市章丘区相公庄镇厚壳树

种名： 厚壳树

树龄： 1000 年

学名： *Ehretia acuminata* R. Brown

位置信息： 北纬 36.818055 东经 117.570511

科属： 紫草科 Boraginaceae 厚壳树属 *Ehretia*

此树位于济南市章丘区相公庄镇梭庄村李氏宗祠。树高11米，胸径66.9厘米，平均冠幅11.1米。生长旺盛。

据传此树于清顺治十八年（公元1661年）用3匹骡马拉的大车，行程数千里费时4个月由福建移植于此，当时树龄600余年。传说当年李滋与蒲松龄常在树下饮酒作诗。

济宁市曲阜市颜庙厚壳树

种名： 厚壳树

树龄： 700 年

学名： *Ehretia acuminata* R. Brown

位置信息： 北纬 35.600774 东经 116.988196

科属： 紫草科 Boraginaceae 厚壳树属 *Ehretia*

此树位于济宁市曲阜市鲁城街道颜庙杞国公殿。树高9.2米，胸径76.8厘米，平均冠幅12.6米。

此树树冠圆形，干粗生有小树瘤，基部有裸根。树皮黑色，纹理清晰，为曲阜颜庙唯一一棵厚壳树古树，栽种于元大德年间。

临沂市罗庄区黄山镇厚壳树

种名：厚壳树

树龄：260 年

学名：*Ehretia acuminata* R. Brown

位置信息：北纬 36.627326 东经 117.166995

科属：紫草科 Boraginaceae 厚壳树属 *Ehretia*

此树位于临沂市罗庄区黄山镇李官庄村东北。树高18米，胸径58厘米，平均冠幅11.2米。

济宁市汶上县康驿镇厚壳树

种名： 厚壳树

树龄： 400 年

学名： *Ehretia acuminata* R. Brown

位置信息： 北纬 35.589207 东经 116.587034

科属： 紫草科 Boraginaceae 厚壳树属 *Ehretia*

此树位于济宁市汶上县康驿镇东唐阳村村东北街道旁。树高9.6米，胸径53厘米，平均冠幅10.6米。

康驿原名西大徐，后因康姓较多改名康庄，明朝年间为了供传送文书的人，中途更换马匹或休息，此村被设为驿站，后改名为康庄驿，称康驿。厚壳树为明万历年间栽种。

臭椿

臭 椿【*Ailanthus altissima*（Mill.）Swingle】隶属苦木科（Simaroubaceae）臭椿属（*Ailanthus*），别名樗树。落叶乔木。因叶基部腺点发散臭味而得名。树皮灰色至灰黑色，微纵裂，小枝褐黄色至红褐色，初被细毛，后脱落。奇数羽状复叶，互生，具小叶13~25，小叶对生或近对生，卵状披针形，先端长渐尖，全缘，基部偏斜，叶面深绿色，背面灰绿色，羽状脉。大型圆锥花序，花杂性或雌雄异株，花萼片5，三角卵形，花瓣5，淡黄色或黄白色。翅果扁平，纺锤形，两端钝圆，种子扁平，圆形或倒卵形。花期5—6月，果期9—10月。

臭椿原产于中国东北部、中部和台湾，除黑龙江、吉林、海南外，全国各地均有分布。山东各地有栽培。《山海经》记载了臭椿的分布状况，如"东山一经：岳山，其上多桑，其下多樗"，说明当时泰安一代有臭椿分布。

臭椿是优良造林绿化树种，有较强的抗烟能力，对烟尘与二氧化硫的抗性较强，滞尘能力比较强。其木纤维含量较高，是造纸的良好材料，木材可做农具车辆等，叶可饲养天蚕，树皮、根、果实等均可入药，有清热利湿、收敛止痢等功效；种子含油。

威海市乳山市午极镇大椿树

种名： 臭椿

树龄： 360 年

学名： *Ailanthus altissima* (Mill.) Swingle

位置信息： 北纬 37.032482 东经 121.509078

科属： 苦木科 Simaroubaceae 臭椿属 *Ailanthus*

此树位于威海市乳山市午极镇湘沟村东陵。树高11米，胸径84.7厘米，平均冠幅17.5米。

据《乳山市志》记载："明末湘姓居此立村，清康熙年间，王、柳姓来居。"村中老人介绍，此树坐落在柳姓的土地，为柳姓居民迁居此处后所栽植。此树生长旺盛，雄伟壮观。远观，整个树冠犹如硕大的蘑菇状，边缘枝垂至一人高，枝繁叶茂；近看，树干圆满，树枝苍劲有力，蜿蜒向上伸展，枝如交臂，叶叶相融。在炎热夏天，烈日当头，阳光晒不透，树荫下十分凉爽，是人们乘凉纳暑的好地方。冬天，树上布满了一簇簇带翅膀的种子，给人一种丰满健壮的感觉。该村村民自古就有敬重古树，爱护树木的优良传统，更是教育自家子女从不损害古树的一枝一叶，这也是古树至今还枝繁叶茂的原因。

苦楝

苦楝（*Melia azedarach* L.）隶属楝科（Meliaceae）楝属（*Melia*），正名楝。落叶乔木。树皮灰褐色，纵裂，幼枝被星状毛，老时紫褐色，皮孔多而明显。叶为二至三回奇数羽状复叶，互生，小叶对生，顶生一片通常略大，先端短渐尖，基部楔形或宽楔形，边缘有钝锯齿。圆锥花序，腋生，约与叶等长，无毛或幼时被鳞片状短柔毛，花芳香，花瓣淡紫色，倒卵状匙形。核果球形至椭圆形，种子椭圆形。花期5月，果期9—10月。

苦楝产于黄河以南各省份。模式标本采自喜马拉雅山区。山东各地普遍栽培，或为野生，以鲁中、鲁南及胶东地区较多。

苦楝是平原及低海拔丘陵区的良好造林绿化树种。边材黄白色，心材黄色至红褐色，纹理粗而美，质轻软，有光泽，施工易，是家具、建筑、农具、舟车、乐器等良好用材；用鲜叶可灭钉螺和作农药，用根皮可驱蛔虫和钩虫，苦楝子做成油膏可治头癣；果核仁油可供制油漆、润滑油和肥皂。

楝，也叫苦楝，别名“苦苓”，谐音“可怜”，“苦恋”。楝果果熟时金黄色，被称为“金铃子”。传说，苦楝的果实是凤凰的食物。《庄子・秋水》里提到，凤凰“非梧桐不栖，非练实不食，非醴泉不饮”，其中的“练实”就是楝树的果实。

济南市莱芜区雪野镇苦楝

种名： 楝

学名： *Melia azedarach* L.

科属： 楝科 Meliaceae 楝属 *Melia*

树龄： 800 年

位置信息： 北纬 36.463591 东经 117.495503

此树位于济南市莱芜区雪野镇朱家林村村北。树高16.5米，胸径67厘米，平均冠幅15.1米。此树植于南宋年间，树根与石头紧密相连，长势旺盛。

济南市历城区山东大学苦楝

种名： 楝

树龄： 200 年

学名： *Melia azedarach* L.

位置信息： 北纬 36.685717 东经 117.063135

科属： 楝科 Meliaceae 楝属 *Melia*

此树位于济南市历城区洪家楼街道山东大学老校区内。树高8米，胸径57厘米，平均冠幅5.5米。

香椿

香椿【*Toona sinensis*（A. Juss.）Roem.】隶属于楝科（Meliaceae）香椿属（*Toona*）。落叶乔木。树皮暗褐色，长条片状浅纵裂。偶数羽状复叶，互生，具小叶10~22对，小叶对生，有特殊香味，长椭圆形至广披针形，先端长渐尖，基部不对称，全缘或有不明显钝锯齿。圆锥花序，顶生，下垂，花萼筒短，5浅裂，花瓣5，白色，芳香。蒴果椭圆形，深褐色，种子上端具膜质长翅。花期5—6月，果期9—10月。

香椿分布于我国中部和南部，东北自辽宁南部，西至甘肃，北至内蒙古南部，南到广东、广西，西南至云南均有栽培，山东各地栽培。香椿品种很多，根据香椿初出芽苞和子叶的颜色不同，基本上可分为紫香椿和绿香椿两大类。

香椿树体高大，是优良的园林绿化树种。其木材黄褐色而具红色环带，纹理美丽，质坚硬，为家具、室内装饰品及造船的优良木材，素有"中国桃花心木"之美誉。树皮可造纸，果和皮可入药。

古代称香椿为椿，称臭椿为樗。中国人食用香椿久已成习，汉代就遍布大江南北。历史传说：早在汉朝，食用香椿，曾与荔一起作为南北两大贡品，深受皇上及宫廷贵人的喜爱。宋苏轼盛赞："椿木实而叶香可啖。"香椿被称为"树上蔬菜"，是香椿树的嫩芽，每年春季谷雨前后，香椿发的嫩芽可做成各种菜肴。

青岛市平度市长乐镇香椿

种名： 香椿

树龄： 337 年

学名： *Toona sinensis* (A. Juss.) Roem.

位置信息： 北纬 36.994223 东经 119.801254
北纬 36.994172 东经 119.800965

科属： 楝科 Meliaceae 香椿属 *Toona*

在青岛市平度市长乐镇涩埠村，有2株香椿。东株树高12米，胸径60厘米，平均冠幅7.1米。西株树高10.6米，胸径54厘米，平均冠幅7.7米。两株香椿是陈氏十一世于清初所植。

枸橘

枸橘（*Citrus trifoliata* L.）隶属芸香科（Rutaceae）柑橘属（*Citrus*），正名为枳，别名铁篱寨、雀不站、臭杞、臭橘。落叶灌木或小乔木。树皮浅灰绿色，浅纵裂，枝绿色，嫩枝扁，有纵棱，刺较长，刺尖干枯状，红褐色，基部扁平。指状三出复叶，互生，具3小叶，小叶片革质或纸质，顶生小叶片椭圆形或倒卵形，羽状脉，叶脉两侧有明显的翅。花单生或成对腋生，花梗短，花萼片5，卵形，花瓣5，白色，匙形。柑果球形，熟时黄绿色，有粗短柄，外被灰白色密柔毛，有时在树上经冬不落，果肉微有香橼气味，甚酸且苦，带涩味。花期4—5月，果期9—10月。

枸橘产于我国山东、河南、山西、陕西、甘肃、安徽、江苏、浙江、湖北、湖南、江西、广东、广西、贵州、云南等省份。山东各地引种栽培。

枸橘可作绿篱。果供药用，小果制干或切半称为“枳实”，成熟的果实为“枳壳”，均有理气、消炎、止疼的作用。种子可榨油，叶、花及果皮可提制香精油。

“南橘北枳”是一句古老的成语，出自《晏子春秋·内篇杂下》。原文为“橘生淮南则为橘，生于淮北则为枳，叶徒相似，其实味不同。所以然者何？水土异也。”比喻同一物种因环境条件不同而发生变异。

青岛市即墨区鳌山卫镇枸橘

种名： 枳

树龄： 200 年

学名： *Citrus trifoliata* L.

位置信息： 北纬 36.350313 东经 120.624295

科属： 芸香科 Rutaceae 柑橘属 *Citrus*

此树位于青岛市即墨区鳌山卫镇公母石村村西。树高4.1米，胸径29厘米，平均冠幅5.7米。

臭檀

臭檀【*Tetradium daniellii*（Benn.）T. G. Hartley】隶属芸香科（Rutaceae）吴茱萸属（*Tetradium*），正名臭檀吴萸，别名抛辣子。落叶乔木。树皮暗灰色，平滑，老时常出现横裂纹，小枝近红褐色，皮孔显著。奇数羽状复叶，对生，具小叶5~11，全缘或有不明显的钝锯齿。聚伞状圆锥花序，顶生，花单性，雌雄异株，白色，花萼片5，卵形。聚合骨突果，果熟后紫红色，有腺点，顶端有小喙。种子卵状半球形，黑色，光亮。花期6—7月，果期9—10月。

臭檀分布在长江以南沿岸各地，湖北、贵州、辽宁、河北、山东、河南、山西、陕西。山东主要分布在鲁中南及胶东山区丘陵。

臭檀木材适合做各种家具、器具；种子可榨油及药用。

青岛市崂山区神清宫臭檀

种名： 臭檀吴萸

树龄： 150 年

学名： *Tetradium daniellii* (Benn.) T. G. Hartley

位置信息： 北纬 36.231657 东经 120.565531

科属： 芸香科 Rutaceae 吴茱萸属 *Tetradium*

此树位于青岛市崂山区北宅街道晖流村神清宫西。树高7.5米，胸径65厘米，平均冠幅6米。

此树树枝粗壮，树体高大，枝繁叶茂，古朴苍劲，冠形优美，既无枯枝败叶，也无虫蛀洞穴。当地百姓爱惜此树，视之为“神树”，自发制作围栏加以保护。

刺楸

刺楸【*Kalopanax septemlobus*（Thunb.）Koidz.】隶属五加科（Araliaceae）刺楸属（*Kalopanax*）。落叶乔木。树皮暗灰棕色，纵裂，小枝散生粗刺，刺基部宽阔扁平。单叶，纸质，在长枝上互生，在短枝上簇生，叶圆形或近圆形，掌状5~7浅裂，边缘有细锯齿，叶柄细长无毛。伞形花序再聚成圆锥花序，顶生，花白色或淡绿黄色花瓣5，三角状卵形。浆果状核果，果实球形，直径约5毫米，蓝黑色，种子扁平。花期7—8月，果熟期11月。

刺楸分布广泛，北至东北，南至广东、广西、云南，西至四川西部，东至海滨的广大区域内均有分布。山东各山区丘陵均有分布。

刺楸叶形美观，叶色浓绿，树干通直挺拔，满身的硬刺在诸多园林树木中独树一帜，既能体现出粗犷的野趣，又能防止人或动物攀爬破坏，适合作行道树或园林配植。其木质坚硬细腻、花纹明显，是制作高级家具、乐器、工艺雕刻的良好材料；树皮、根可入药，有清热解毒、消炎祛痰、镇痛等功效；嫩叶是鲜美的食材，种子还可榨油。

青岛市崂山区太清宫刺楸

种名： 刺楸

树龄： 270 年

学名： *Kalopanax septemlobus* (Thunb.) Koidz.

位置信息： 北纬 36.139845 东经 120.670598

科属： 五加科 Araliaceae 刺楸属 *Kalopanax*

此树位于青岛市崂山区王哥庄街道太清宫景区三皇殿院外。树高22米，胸径140.1厘米，平均冠幅17.4米。

目前对树体进行了钢管支撑，保护措施得当，生长状况良好。

淄博市博山区博山镇刺楸

种名： 刺楸

树龄： 150年

学名： *Kalopanax septemlobus* (Thunb.) Koidz.

位置信息： 北纬36.404678 东经118.025843

科属： 五加科 Araliaceae 刺楸属 *Kalopanax*

此树位于淄博市博山区博山镇郭庄东村东庵。树高12.7米，胸径48厘米，平均冠幅11.4米。

此树树势旺盛，枝干粗壮，冠形优美，枝叶繁茂。为避邪恶护此庵，如来佛爷与泰山奶奶决定亲自扎坛，从此声望大振，因在郭庄村东，定名为东庵。

济南市历城区柳埠林场刺楸

种名：刺楸

树龄：100年

学名：*Kalopanax septemlobus* (Thunb.) Koidz.

位置信息：北纬36.391520 东经117.118039

科属：五加科 Araliaceae 刺楸属 *Kalopanax*

此树位于济南市历城区柳埠镇柳埠林场袁洪峪风景区。树高14米，胸径44.5厘米，平均冠幅6.5米。

此树树形高大，平均冠幅较小，周边高大树木竞争及修路等原因导致其长势趋弱。

黄荆

黄荆（*Vitex negundo* L.）隶属马鞭草科（Verbenaceae）牡荆属（*Vitex*），别名黄荆条。落叶灌木或小乔木。小枝四棱形，密生灰白色绒毛。掌状复叶，小叶5，少有3，先端渐尖，基部楔形，通常全缘，羽状脉。顶生聚伞花序排成圆锥花序式，花序梗密生灰白色绒毛，花萼钟状，花冠淡紫色，5裂，二唇形，子房上位，球形，柱头2裂。核果近球形，褐色，顶端平，外包宿存花萼。花期5—9月，果期10—11月。

黄荆分布于陕西、河南、湖南、湖北、西藏等省份。山东山地丘陵区有分布。

黄荆萌芽力强，适应性强，耐干旱瘠薄土壤，多用来荒山绿化；茎皮可造纸及制人造棉；茎叶治久痢；种子为清凉性镇静、镇痛药；根可以驱烧虫；花和枝叶可提取芳香油。

潍坊市昌乐县五图街道黄荆

种名： 黄荆

学名： *Vitex negundo* L.

科属： 马鞭草科 Verbenaceae 牡荆属 *Vitex*

树龄： 120 年

位置信息： 北纬 36.668952
东经 118.904986

此树位于潍坊市昌乐县五图街道谢家山村。树高 5m，胸径 40cm，平均冠幅 3.5m，枝下高度 1m。

荆条

荆条【*Vitex negundo* L. var. *heterophylla*（Franch.）Rehd.】马鞭草科（Verbenaceae）牡荆属（*Vitex*），别名黄荆条，黄荆变种。灌木或小乔木，小枝四棱形，密生灰白色绒毛。掌状复叶，小叶片长圆状披针形至披针形，小叶片边缘有缺刻状锯齿、深锯齿以至深裂，背面密被灰白色绒毛。聚伞花序排成圆锥花序式，顶生，花冠淡紫色。核果近球形，径约2毫米；宿萼接近果实的长度。花期4—6月，果期7—10月。

荆条分布于辽宁、河北、山西、河南、陕西、甘肃、江苏、安徽、江西、湖南、贵州、四川。山东分布于各山区丘陵。

荆条喜光，耐寒，耐干旱耐瘠薄，萌发力强，耐修剪，是荒地护坡和防止风沙树种。其茎皮可造纸及制人造棉，茎叶治久痢，种子为清凉性镇静、镇痛药，根可以驱烧虫，花和枝叶可提取芳香油。荆条蜜，也叫荆花蜜，是四大名蜜之一。

荆条性柔韧，古代用作刑杖，又可编制筐篮、篱笆等。清黄六鸿《福惠全书·刑名·释五刑》中记载："人有小愆，法宜惩戒，击以耻之……以小荆条为之。"《史记·廉颇蔺相如列传》记载："廉颇闻之，肉袒负荆，因宾客至蔺相如门谢罪。"相传蔺相如因为"完璧归赵"有功而被封为上卿，位在廉颇之上。廉颇不服气，扬言要当面羞辱蔺相如。蔺相如得知后，尽量回避、容让，不与廉颇发生冲突。蔺相如的门客以为他畏惧廉颇，然而蔺相如说："秦国不敢侵略我们赵国，是因为有我和廉将军。我对廉将军容忍、退让，是把国家的危难放在前面，把个人的私仇放在后面啊！"廉颇知道后，幡然醒悟，为了国家，不计前嫌，赤裸着上身，身负荆条，上蔺相如家请罪。"负荆请罪"也就成了一句成语。

淄博市博山区原山林场荆条

种名： 荆条

树龄： 100 年

学名： *Vitex negundo* L. var. *heterophylla* (Franch.) Rehd.

位置信息： 北纬 36.439125 东经 117.872458

科属： 马鞭草科 Verbenaceae 牡荆属 *Vitex*

此树位于淄博市博山区原山林场石炭坞营林区后门。树高4.4米，胸径19厘米，平均冠幅3.3米。

流苏树

流苏树（*Chionanthus retusus* Lindl. et Paxt.）隶属木犀科（Oleaceae）流苏树属（*Chionanthus*），别名牛筋子。落叶乔木。树皮灰褐色，纵裂，小枝灰褐色，幼枝有短柔毛。单叶，对生，叶片全缘或幼树叶缘有锯齿，羽状脉，叶柄有短柔毛。聚伞状圆锥花序顶生，花单性，雌雄异株，花萼4深裂，花冠合生，4深裂近达基部，子房上位，柱头2裂。核果椭圆形，长10~15毫米，熟时蓝黑色或黑色。花期4—5月，果期9—10月。

流苏树分布于甘肃、陕西、山西、河北、山东、河南以南至云南、四川、广东、福建、台湾。山东分布于鲁中南、胶东山地丘陵，各地普遍栽培。

流苏树适应性强，树梓优美、枝叶繁茂，花期如雪压树，且花形纤细，秀丽可爱，气味芳香，是优良的园林观赏树种。流苏树木材质硬，纹理细致，可制器具及细木工用材。其花、嫩叶晒干可代茶，果可榨芳香油。

淄博市淄川区峨庄乡“齐鲁千年流苏树王”

种名： 流苏树

树龄： 2700 年

学名： *Chionanthus retusus* Lindl. et Paxt.

位置信息： 北纬 36.438538 东经 118.189228

科属： 木犀科 Oleaceae 流苏树属 *Chionanthus*

此树位于淄博市淄川区峨庄乡土泉村，被誉为“山东之最”“齐鲁树王”。树高13.3米，胸径67.5厘米，平均冠幅7.5米。

相传，这株蜚声齐鲁的流苏树是战国时期齐桓公亲手所栽。当年，齐桓公为庆贺取得王位，在“悬羊山决战”中战胜鲁庄公的胜利，于公元前685年，宴请文武将士庆功，酒酐至兴，亲手栽下此树，并令所有文武将士抬来酒坛，以酒代水浇灌之。此树生于山岩石缝中，树下有流苏泉，泉水叮咚，甘洌清澈，终年不息。此树树形之大，树龄之长，为山东第一。树韵雍容华贵，被命名为“齐鲁千年流苏树王”。每年四月，繁华朵朵，三五里路便能闻到流苏树的花香，花开似雪，煞是好看。

安丘市辉渠镇流苏树

种名： 流苏树

树龄： 700 年

学名： *Chionanthus retusus* Lindl. et Paxt.

位置信息： 北纬 36.200604 东经 119.026962

科属： 木犀科 Oleaceae 流苏树属 *Chionanthus*

此树位于潍坊市安丘市辉渠镇张家溜村村南流苏园。树高 14.1 米，胸径 70.1 厘米，平均冠幅 16.9 米。

据传此树为元末明初栽植。据村里老人们讲，流苏树所处的地方曾是元朝的一片墓地，到今天已经有近一千年的历史。这里的村民们都把流苏树视为宝贝，一代代的爱护至今。流苏长势良好，树干粗壮，树形挺拔俊美，每到春天，满树雪白花朵，让人流连忘返，心旷神怡。每到流苏的盛花期，很多游客慕名来到这里观赏，拍照留念。

临沂市兰陵县下村乡流苏树

种名： 流苏树

树龄： 1300 年

学名： *Chionanthus retusus* Lindl. et Paxt.

位置信息： 北纬 34.954790 东经 117.820090

科属： 木犀科 Oleaceae 流苏树属 *Chionanthus*

此树位于临沂市兰陵县下村乡孔庄村内。树高14米，胸径120厘米，平均冠幅13.5米。

此树树形优美，虬枝丛生。虽然树干已经腐朽烂掉，但是仅剩的树皮仍然能够维持旺盛的长势。据传，此树历尽沧桑，修炼成精，变化成一位翩翩少年，祸害附近村中女子。有人问他何许人，其答曰："既姓金，又姓由，家住孔庄村西头，大庙前小庙后，土地老爷腚后头"。后被一个有道法师，用一根红线缝在衣服上，一路追踪才发现是村中的流苏树。法师用铁钉将其定住，至今此树西南大根仍有铁钉存在。

淄博市周村区北郊镇流苏树

种名： 流苏树

学名： *Chionanthus retusus* Lindl. et Paxt.

科属： 木犀科 Oleaceae 流苏树属 *Chionanthus*

树龄： 1400 年

位置信息： 北纬 36.809474 东经 117.925044

此树位于淄博市周村区北郊镇淄博碧桂园院内。树高 12.1 米，胸径 105 厘米，平均冠幅 11.7 米。

此树长势较好，树形挺拔俊美。春天繁花似锦，观赏价值高。

济南市长清区流苏树

种名： 流苏树

树龄： 1000 年

学名： *Chionanthus retusus* Lindl. et Paxt.

位置信息： 北纬 36.451764 东经 116.936832

科属： 木犀科 Oleaceae 流苏树属 *Chionanthus*

此树位于济南市长清区周家庵村。树高 10 米，胸径 68.5 厘米，平均冠幅 13 米。

当地别称此树“油根子”，取义有根的意思。每年到了到谷雨前后，这棵流苏树都会如期盛开，洁白的流苏花开满树冠，从远处望去，流苏树伞型的树冠如披白雪。纤长的花瓣，微风吹来，随风摇曳，煞是好看。这里的村民们都把流苏树视为宝贝，一代代的爱护至今。站在树下，阵阵花香，芳香四溢，清新怡人。整个村子里都能闻到阵阵的淡淡流苏花香，因此也有“树覆一寸雪，香飘十里村”的美誉。

济南市莱芜区高庄街道流苏树

种名：流苏树

树龄：500 年

学名：*Chionanthus retusus* Lindl. et Paxt.

位置信息：北纬 36.627278 东经 117.166847

科属：木犀科 Oleaceae 流苏树属 *Chionanthus*

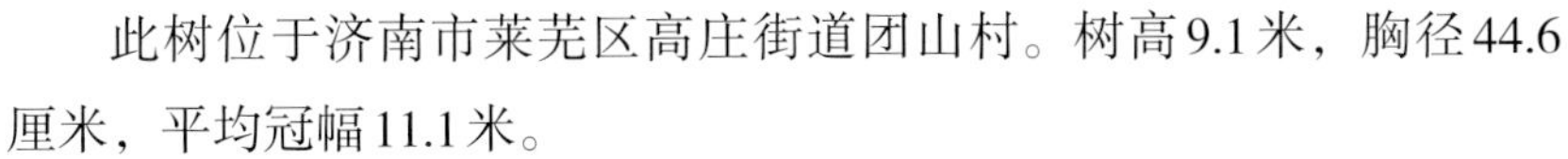

此树位于济南市莱芜区高庄街道团山村。树高9.1米，胸径44.6厘米，平均冠幅11.1米。

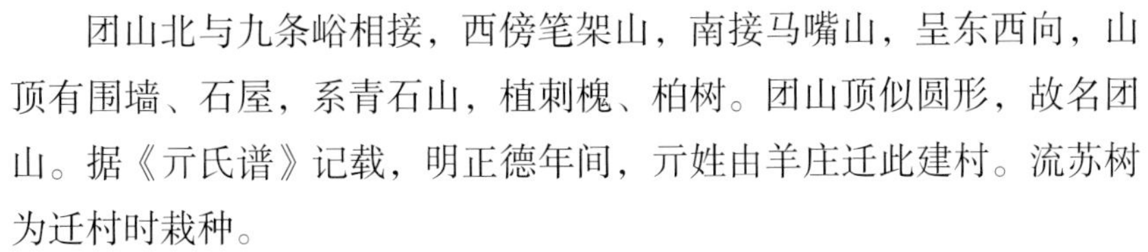

团山北与九条峪相接，西傍笔架山，南接马嘴山，呈东西向，山顶有围墙、石屋，系青石山，植刺槐、柏树。团山顶似圆形，故名团山。据《亓氏谱》记载，明正德年间，亓姓由羊庄迁此建村。流苏树为迁村时栽种。

雪柳

雪柳【*Fontanesia phillyreoides* Labil. subsp. *fortunei* (Carr.) Yaltirik】隶属木犀科（Oleaceae）雪柳属（*Fontanesia*），又名过街柳。落叶灌木或小乔木。树皮灰褐色。枝灰白色，圆柱形，小枝淡黄色或淡绿色，四棱形或具棱角，无毛。叶片纸质，披针形、卵状披针形或狭卵形。圆锥花序顶生或腋生。果黄棕色，倒卵形至倒卵状椭圆形，扁平；种子具三棱。花期4—6月，果期6—10月。

雪柳分布于河北、陕西、山东、江苏、安徽、浙江、河南及湖北东部。山东各地分布或栽培。

雪柳适应性强，为优良园林绿化树种，亦栽培作绿篱。嫩叶可代茶，枝条可编筐，茎皮可制人造棉，根可入药。

潍坊市昌乐县五图街道雪柳

种名： 雪柳

学名： *Fontanesia phillyreoides* Labil. subsp. *fortunei* (Carri.) Yaltirik

科属： 木犀科 Oleaceae 雪柳属 *Fontanesia*

树龄： 800 年

位置信息： 北纬 36.632436

东经 118.874193

此树位于潍坊市昌乐县五图街道响水崖。树高7.6米，胸径58厘米，平均冠幅7.5米。生长良好。

威海市环翠区羊亭镇雪柳

种名： 雪柳 **树龄：** 300 年

学名： *Fontanesia phillyreoides* Labil. subsp. *fortunei* (Carri.) Yaltirik **位置信息：** 北纬 36.631400

科属： 木犀科 Oleaceae 雪柳属 *Fontanesia* 东经 118.875000

此树位于威海市环翠区羊亭镇黄埠屯村办公室门前崖。树高6米，胸径58厘米，平均冠幅5.5米。生长良好。

烟台市招远市阜山镇雪柳

种名： 雪柳

树龄： 360 年

学名： *Fontanesia phillyreoides* Labil. subsp. *fortunei* (Carri.) Yaltirik

位置信息： 北纬 37.270500

东经 120.517400

科属： 木犀科 Oleaceae 雪柳属 *Fontanesia*

此树位于烟台市招远市阜山镇万家村西南土地庙。树高6米，胸径40厘米，平均冠幅8.5米。生长良好。

白蜡树

白蜡树（*Fraxinus chinensis* Roxb. subsp. *chinesis*）隶属木犀科（Oleaceae）梣属（*Fraxinus*），别名梣蜡条。落叶乔木。树皮灰褐色、纵裂，小枝黄褐色，无毛，冬芽卵球形，芽黑褐色，鳞片被棕色柔毛或腺毛。一回奇数羽状复叶，对生，小叶片硬纸质，边缘有整齐锯齿，羽状脉。圆锥花序，花序梗2~4厘米，无毛或被细柔毛，花单性，雌雄异株，萼裂片4，革质，无花冠。翅果披针形，具1种子。花期4—5月，果期7—9月。

白蜡在全国各省份广泛分布。山东分布于各山地丘陵，全省各地普遍栽培。

白蜡可作园林观赏树种，是生物蜡的重要来源。其木材坚韧，耐水湿，制作家具、农具、胶合板等用，枝条可编筐，树皮称“秦皮”，中医用作清热药。

终南山下，神禾原畔的唐代皇家御园常宁宫内生长着一棵巨大的白蜡树，传说远古时炎帝神农氏治天下，教稼百谷，有仙鹤衔谷穗降于此地。而这棵白蜡树生长的地方，据说就是当年仙鹤曾经降落的地方，一颗白蜡树种随风飘落于此，经风雨润泽，吸纳天地灵气，日月精华，遂萌生茁壮成长。

威海市文登区米山镇白蜡树

种名： 白蜡树

树龄： 450 年

学名： *Fraxinus chinensis* Roxb. subsp. *chinesis*

位置信息： 北纬 37.151456 东经 121.961559

科属： 木犀科 Oleaceae 梣属 *Fraxinus*

此树位于威海市文登区米山镇老埠村中。树高5.9米，胸径66.2厘米，平均冠幅10.9米。

相传明嘉靖年间建村时就有此树，故群众称其为“祖宗树”。20世纪70年代前，白蜡树这一片还有不少大树，但是都被陆陆续续地砍伐了，只有这棵白蜡树被保存下来。在老埠村，全村都将白蜡树当成了一位老者，尊重它、爱惜它。每到逢年过节时，很多人都要专门到白蜡树前拜一下，一些新人将结婚挂的红彩挂到白蜡树上，祈求平安幸福。

花曲柳

花曲柳【*Fraxinus chinensis* Roxb. subsp. *rhynchophylla* (Hance) E. Murray】隶属木犀科（Oleaceae）梣属（*Fraxinus*），是白蜡树的亚种，别名大叶白蜡。落叶乔木。树皮灰褐色，光滑，老时浅裂。具小叶3~7，通常5；小叶下面沿脉两侧有黄褐色柔毛，近基部较密，顶生小叶宽2.5~7厘米，宽卵形到椭圆形，有时披针形先端尾状渐尖，边缘有浅而粗的钝锯齿，总花梗无毛或在花梗节上被黄褐色柔毛。花期4—5月，果期9—10月。

花曲柳分布于东北和黄河流域各省份。山东分布于各山地丘陵地区，全省各地普遍栽培。

花曲柳木材质地坚韧而有弹性，可供车辆、农具用材，纸条供编织。干、枝可药用。种子含油15.8%，可制肥皂及工业用油。其具有一定的观赏价值，可用作观赏树种。抗逆性较强，耐寒冷，耐高热，耐水湿与干旱，适应性强，是盐碱地的优良造林绿化树种。

青岛市黄岛区大村镇大叶白蜡

种名： 花曲柳

树龄： 130 年

学名： *Fraxinus chinensis* Roxb. subsp. *rhynchophylla* (Hance) E. Murray

位置信息： 北纬 35.823615 东经 119.679270

科属： 木犀科 Oleaceae 梣属 *Fraxinus*

此树位于青岛市黄岛郊区大村镇小庄村。树高5米，胸径45.86厘米，平均冠幅4米。

女贞

女贞（*Ligustrum lucidum* Ait.）隶属木犀科（Oleaceae）女贞属（*Ligustrum*）。常绿灌木或小乔木。树皮灰褐色，光滑不裂，小枝无毛，疏生圆形或长圆形皮孔。单叶，对生，叶片革质，卵形、长卵形或椭圆形至宽椭圆形，先端锐尖至渐尖或钝，基部圆形或近圆形，中脉在上面凹入，下面凸起。圆锥花序顶生，花白色，花萼与花冠近等长，4浅裂，子房上位，2室。核果肾形或近肾形，蓝黑色，具1种子。花期5—7月，果期7月至翌年5月。

女贞广泛分布于长江流域及以南地区，华北、西北地区也有栽培，能耐-10℃左右低温。山东各地普遍栽培。

女贞枝干扶疏，枝叶茂密，树形整齐，是园林中常用的观赏树种。适应性强，生长快又耐修剪，也用作绿篱。其主叶可蒸馏提取冬青油，用于甜食和牙膏等的添加剂。成熟果实晒干为中药女贞子。

临沂市临沭县临沭街道女贞

种名： 女贞

树龄： 280 年

学名： *Ligustrum lucidum* Ait.

位置信息： 北纬 34.913463 东经 118.674067

科属： 木犀科 Oleaceae 女贞属 *Ligustrum*

此树位于临沂市临沭县临沭街道前琅琳子村史丹利化肥园区内。树高5.8米，胸径93厘米，平均冠幅6米。生长环境良好，长势旺盛，外有铁架保护。

桂花

桂花【*Osmanthus fragrans*（Thunb.）Lour.】隶属木犀科（Oleaceae）木犀属（*Osmanthus*），正名木犀。常绿乔木或灌木。树皮灰褐色，小枝黄褐色，无毛，冬芽有芽鳞。单叶，对生，叶片革质，椭圆形、长椭圆形或椭圆状披针形，羽状脉，叶柄无毛。聚伞花序簇生于叶腋，或近于帚状，每腋内有花多朵，花冠黄白色、淡黄色、黄色或橘红色，花极芳香。核果圆形，长1~1.5厘米，呈紫黑色。花期9—10月上旬，果期翌年4—5月。

桂花分布于四川、云南、贵州等省份。山东济南、青岛、枣庄、潍坊、泰安、日照、临沂等地有栽培。其园艺品种繁多，最具代表性的有金桂、银桂、丹桂、月桂、四季桂等。

桂花枝繁叶茂，秋季开花，芳香四溢，可谓"独占三秋压群芳"，在园林绿化中应用普遍。其花为名贵香料，并作食品香料。以桂花做原料制作的桂花茶香气柔和、味道可口。

中国传统十大名花之一，桂花栽培历史超过2500年。春秋战国时期《山海经·南山经》有"招摇之山多桂"。《山海经·西山经》有："皋涂之山多桂木"。屈原《九歌》有："援北斗兮酌桂浆，辛夷车兮结桂旗"。《吕氏春秋》中盛赞："物之美者，招摇之桂"。唐宋以后，桂花已被广泛用于庭园中栽培观赏。宋之问的《灵隐寺》中有："桂子月中落，天香云外飘"的著名诗句，故后人亦称桂花为"天香"。

青岛市崂山区太清宫金桂

种名： 木犀

树龄： 220 年

学名： *Osmanthus fragrans* (Thunb.) Lour. 'Latifolius'

位置信息： 北纬 36.139872 东经 120.671978

科属： 木犀科 Oleaceae 木犀属 *Osmanthus*

此树位于青岛市崂山区王哥庄街道太清宫内太清宫管理委员会办公院内。树高7.4米，胸径33.2厘米，平均冠幅8.1米。

太清宫面临黄海，背倚崂山，独特的地理、气候条件，使得生长此处的这株桂花树形自然优美，花色艳丽，香气浓郁沁人，不负桂花“仙树”“天香”的美誉。

日照市东港区日照街道金桂

种名： 木犀

树龄： 200 年

学名： *Osmanthus fragrans* (Thunb.) Lour. 'Latifolius'

位置信息： 北纬 35.423228 东经 119.468988

科属： 木犀科 Oleaceae 木犀属 *Osmanthus*

此树位于日照市东港区日照街道兴安社区海曲公园北门对面。树高4米，胸径28.7厘米，平均冠幅6.5米。

临沂市费县薛庄镇三星金桂

种名： 木犀

树龄： 200 年

学名： *Osmanthus fragrans* (Thunb.) Lour. 'Latifolius'

位置信息： 北纬 35.398890 东经 118.058290

科属： 木犀科 Oleaceae 木犀属 *Osmanthus*

此树位于临沂市费县薛庄镇三星村北。树高6.5米，胸径30厘米，平均冠幅6.5米。

每逢金秋香飘数里，人称“江北第一桂”。据说，此桂花树是江南一游士游走到沂蒙山脚下与此地一农户机缘结交，遂以桂花相赠以表友好。此农户忠厚老实、本分种田，但不擅苗木种养，便将此桂花赠与当地有名气的“贡生”王承绪。树种后，悉心照料尤佳，生长茁壮。此去经年，年事已高，无力照料，遂立家规“惜花护木乃人之懿德”，以传承。

青岛市崂山区太清宫四季桂

种名： 木犀

树龄： 170 年

学名： *Osmanthus fragrans* (Thunb.) Lour. 'Thunbergii'

位置信息： 北纬 36.140220 东经 120.671189

科属： 木犀科 Oleaceae 木犀属 *Osmanthus*

此树位于青岛市崂山区王哥庄街道太清宫三清殿院内。树高3.8米，胸径17.2厘米，平均冠幅3.9米。此树生长很旺盛，每入花期，黄蕊万簇，香气袭人。

日照市东港区银桂

种名： 木犀

树龄： 170年

学名： *Osmanthus fragrans* (Thunb.) Lour. 'Semperflorens'

位置信息： 北纬35.423192 东经119.468956

北纬35.422918 东经119.468813

科属： 木犀科 Oleaceae 木犀属 *Osmanthus*

在日照市东港区日照街道兴安社区海曲公园北门对面，有2株银桂。其中较大的一株树高3.7米，胸径27.4厘米，平均冠幅4.7米。生长良好。

紫丁香

紫丁香（*Syringa oblata* Lindl.）隶属木犀科（Oleaceae）丁香属（*Syringa*），别名华北紫丁香。落叶灌木或小乔木。树皮灰褐色或灰色，小枝、花序轴、花梗、苞片、花萼、幼叶两面以及叶柄均无毛而密被腺毛。单叶，对生，叶片革质或厚纸质，先端短凸尖至长渐尖或锐尖，基部心形、截形至近圆形。圆锥花序直立，花淡紫色、紫红色或蓝色，萼4裂，裂片三角形。蒴果，倒卵状椭圆形、卵形至长椭圆形，光滑，种子扁平，周围有翅。花期4—5月，果期6—10月。

紫丁香原产中国华北地区，主要分布于西南及黄河流域以北各省份，长江以北各庭园普遍栽培。山东各地有栽培。

紫丁香花开繁茂，花色淡雅、芳香，习性强健，供绿化观赏用。其木材可制农具，嫩叶代茶，树皮、根和枝均有很好的药用价值。

紫丁香因花筒细长如钉且香故得名“紫丁香”，是著名的庭园花木。丁香花未开时，其花蕾密布枝头，称“丁香结”。唐宋以来，诗人常常以丁香花含苞不放，比喻愁思郁结，难以排解，用来写夫妻、情人或友人间深重的离愁别恨。我国古诗里有许多吟咏丁香的佳句，李商隐《代赠》：“芭蕉不展丁香结，同向春风各自愁。”李璟《浣溪沙》：“青鸟不传云外信，丁香空结雨中愁。”元代诗人曾赞美过紫丁香：“香中人道睡香浓，谁信丁香嗅味同。一树百枝千万结，更应熏染费春工。”宋代王十朋称丁香“结愁千绪，似忆江南主”。

潍坊市青州市王府街道紫丁香

种名： 紫丁香

树龄： 300 年

学名： *Syringa oblata* Lindl.

位置信息： 北纬 36.676828 东经 118.472575

科属： 木犀科 Oleaceae 丁香属 *Syringa*

此树位于青州市王府街道偶园内北海世家门口西侧。树高3.9米，胸径24厘米，平均冠幅4.9米。

此树树形优美，宛如翩翩起舞的女子。

济南市历城区彩石街道紫丁香

种名： 紫丁香

树龄： 200 年

学名： *Syringa oblata* Lindl.

位置信息： 北纬 36.625258 东经 117.246516

科属： 木犀科 Oleaceae 丁香属 *Syringa*

此树位于济南市历城区彩石街道黑峪林场蟠龙山森林公园内。树高6米，胸径29厘米，平均冠幅7.7米。

此树生长茂盛，具有独特芳香，硕大繁茂的花序，优雅调和的花色，丰满秀丽的姿态，成为蟠龙山有名的自然景观之一。

淄博市桓台县新城镇紫丁香

种名： 紫丁香

树龄： 200 年

学名： *Syringa oblata* Lindl.

位置信息： 北纬 36.951324 东经 117.938077

科属： 木犀科 Oleaceae 丁香属 *Syringa*

此树位于淄博市桓台县新城镇王渔洋故居。树高4.7米，胸径23.88厘米，平均冠幅3.8米。

此树基部粗壮，从树干中部生长出一枝条，向上伸展后又与树干合在一起生长，不离不弃，展现了顽强的生命力。此树生长良好，枝繁叶茂，无病虫害侵染。树势稍微倾斜，为爱惜古树，当地百姓用铁管支架固定。

滨州市邹平市黄山街道唐李庵紫丁香

种名：紫丁香

树龄：500 年

学名：*Syringa oblata* Lindl.

位置信息：北纬 36.872110 东经 117.666800

科属：木犀科 Oleaceae 丁香属 *Syringa*

此树位于滨州市邹平市黄山街道鲁西村唐李庵水池边。树高6米，枝下高2米，胸径24.2厘米，平均冠幅3.5米，干体缠绕扭曲，主干部分已枯，侧枝生长旺盛。

相传，明末清初，唐李庵内一尼姑得了头疼病，寝食不安，疼痛难忍，久治不愈。后来，这位尼姑尝试着喝此丁香叶浸泡的水，病渐渐好转，故此丁香树被称为“女菩萨丁香树”。

泰安市东平县斑鸠店仲子祠紫丁香

种名： 紫丁香

树龄： 400 年

学名： *Syringa oblata* Lindl.

位置信息： 北纬 36.112087 东经 116.142348

科属： 木犀科 Oleaceae 丁香属 *Syringa*

此树位于泰安市东平县斑鸠店镇子路村仲子读书处。树高4.2米，胸径17.2厘米，平均冠幅4.2米。

子路村，原名滋露村。相传仲子跟随孔子周游列国时，由卫国向东去齐国，途经滋露村，因长途跋涉，孔子命弟子在滋露村槐荫下休息，子路身强力壮不觉疲乏，探囊取书展卷阅读。宋嘉祐四年（公元1059年），滋露村人为纪念儒家典范人物子路的勤学精神，便在村子里面建仲子祠，亦称仲子读书处，改滋露村名为子路村。后经明清重修，规模宏伟，遗迹尚存。据考证，丁香树为明万历年间栽种。

凌霄

凌霄【*Campsis grandiflora*（Thunb.）Schum.】隶属于紫葳科（Bignoniaceae）凌霄属（*Campsis*），别名紫葳、藤罗花。落叶木质藤本。茎木质，表皮脱落，枯褐色，借气生根攀附于它物之上。奇数羽状复叶，叶对生，具小叶7~9，卵形至卵状披针形，顶端尾状渐尖，基部阔楔形，边缘有疏锯齿，羽状脉。圆锥花序，顶生，花萼钟状，长3厘米，5裂至萼筒中部，裂片披针形花柱1，柱头2裂。蒴果顶端钝，种子扁平，略为心形，棕色，有膜质翅。花期6—9月，果期10月。

凌霄产于长江流域各地，以及河北、山东、河南、福建、广东、广西、陕西，台湾亦有栽培。山东各地均有栽培。

凌霄适应性强，可供观赏及药用。据李时珍云"附木而上，高达数丈，故曰凌霄"。其干枝虬曲多姿，翠叶团团如盖，花大色艳，花期甚长 ，是理想的城市垂直绿化材料。凌霄花全株可入药，具有凉血祛风、行血祛瘀功效。

凌霄在中国传统文化中具有重要的意义，凌霄花寓意慈母之爱，古人常把凌霄与冬青、樱草放在一起，结成花束赠送给母亲，表达对母亲的热爱之情。

烟台市福山区东厅街道凌霄

种名： 凌霄

树龄： 200 年

学名： *Campsis grandiflora* (Thunb.) Schum.

位置信息： 北纬 37.449496 东经 121.194563

科属： 紫葳科 Bignoniaceae 凌霄属 *Campsis*

此树位于烟台市福山区东厅街道山北头村村口“紫气东来”碑东侧。树高约5.3米，胸径19.1厘米。此树单株分布，表皮脱落，枯褐色，攀缘缠绕，颇有小桥老树昏鸦之美。

青岛市崂山区太清宫“侧柏凌霄”

种名： 凌霄

树龄： 120 年

学名： *Campsis grandiflora* (Thunb.) Schum.

位置信息： 北纬 36.140164 东经 120.671289

科属： 紫葳科 Bignoniaceae 凌霄属 *Campsis*

此树位于青岛市崂山区王哥庄街道太清宫三清殿院内。树高约14.4米，胸径40厘米。

凌霄花的藤蔓，缠绕在700年的侧柏树干上，越到树梢的部分，茂密的凌霄叶和柏叶几乎融为一体，难辨彼此。每年八月，橘红色的凌霄花开满枝头，不经意间，给人“柏树开花”的错觉，这一结合被称为“侧柏凌霄”。

楸树

楸树（*Catalpa bungei* C. A. Mey.）隶属紫葳科（Bignoniaceae）梓属（*Catalpa*）。落叶乔木。树皮灰褐色，纵裂，小枝紫褐色，光滑。单叶，对生或3叶轮生，叶三角状卵形或卵状长圆形顶端长渐尖，基部截形、阔楔形或心形，上面深绿色，下面淡绿色，两面无毛。伞房状总状花序，顶生，花萼、花梗、花序轴均无毛，花两性，花冠白色至淡红色，蒴果细圆柱线形，具多数种子，种子两端有白色长毛。花期5—6月，果期6—10月。

楸树分布于河北、河南、山西、陕西、甘肃、江苏、浙江、湖南等省份。山东各地有栽培。本种极少结实，繁殖主要靠分根、分蘖及嫁接。

楸树集用材、观赏、防护、环保、药用等多功能于一身，是广泛利用的优良乡土树种，自古称“木王”。其材质优良，纹理美观，为高级家具用材；花可炒食，叶可喂猪；茎皮、叶、种子可入药。

楸树原产中国。据在山东临朐出土的楸树化石证明，始新世以前楸树就在我国中部和东部广为分布。楸树在古代栽植普遍。司马迁所著《史记·货殖传》中记载：“淮北、常山已南，河济之间千树楸，此其人皆与千户侯等。”古时人们还有栽楸树作财产遗传子孙后代的习惯，南宋朱熹曰：“桑、梓二木。古者，五亩之宅，树之墙下，以遗子孙，给蚕食，供器用也。”

古人认为楸树材质好，用途广，居百木之首。后魏贾思勰所著《齐民要术》中述说楸木的用途：“车板、盘合、乐器，所在任用。以为棺材，胜于松、柏。”古代印刷刻板非楸、梓木而不能用，因此书籍出版就叫“付梓”。用楸木制造的棋盘被誉为“楸枰”。中国很多地方仍流传有“千年柏，万年杉，不如楸树一枝桠”的林谚。

济宁市嘉祥县鹤泉寺楸树

种名： 楸树

树龄： 600 年

学名： *Catalpa Bungei* C. A. Mey.

位置信息： 北纬 35.581381 东经 116.168066

科属： 紫葳科 Bignoniaceae 梓树属 *Catalpa*

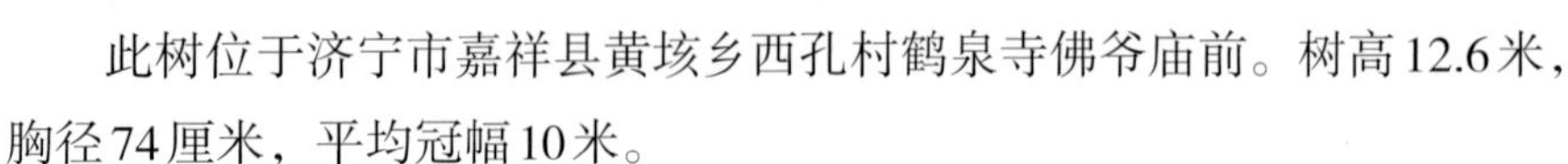

此树位于济宁市嘉祥县黄垓乡西孔村鹤泉寺佛爷庙前。树高12.6米，胸径74厘米，平均冠幅10米。

清道光年间文人孔广思曾题诗赞之曰：“宝树引烟云结彩，玉梅先天地为春。”可见古楸当年胜景宜人。在古楸离地1.5米高处的空穴内，生有一株臭椿树，树高8.3米，与古楸夹角为30°，椿树树干有一石柱支撑，石柱上有诗云：“古有春秋配，今有楸抱椿。椿楸千枝秀，神州育奇迹。宝树冲云霄，巍峨传至今。”1982年此树列入济宁市古树名录，当地已设围栏，并加强保护。

泰安市东平县斑鸠店镇楸树

种名：楸树

树龄：400 年

学名：*Catalpa Bungei* C. A. Mey.

位置信息：北纬 36.112120 东经 116.142380

科属：紫葳科 Bignoniaceae 梓树属 *Catalpa*

在泰安市东平县斑鸠店镇子路村仲子读书处，有3株楸树。南株树高12米，胸径44.6厘米，平均冠幅8.8米。北株树高11米，胸径50.3厘米，平均冠幅6.9米。西边一株，树高13米，胸径32.5厘米，平均冠幅8.7米。

梓树

梓树（*Catalpa ovata* G. Don）隶属紫葳科（Bignoniaceae）梓属（*Catalpa*），别名河楸。落叶乔木。树冠伞形，主干通直，嫩枝具稀疏柔毛。单叶，对生，叶阔卵形，长宽近相等，常3浅裂，叶片两面微被柔毛或近于无毛。圆锥花序，顶生，花萼二唇裂，花序梗微被疏毛，花冠钟状，淡黄色，内面具二黄色条纹及紫色斑点。蒴果圆柱状线形，细长，下垂，种子长椭圆形，两端具有平展的长毛。花期5—6月，果期7—8月。

梓树分布于长江流域及以北地区、东北南部、华北、西北、华中、西南。山东各山区丘陵有分布。

梓树是常见绿化树种，适应性较强，喜温暖，也能耐寒，不耐干旱瘠薄，抗污染能力强。其木材白色稍软，可作家具乐器用。根叶白皮药用，有利尿作用。

《诗经·小雅·小弁》之中有诗句曰：“维桑与梓，必恭敬止。靡瞻匪父，靡依匪母。”古时人家多种桑树和梓树，母亲种桑树以养蚕，父亲种梓树以作木材，后人将“桑梓”一词，由指代父母转而扩大到指代故乡。东汉末年，蔡文姬被匈奴掳至北地，作《胡笳十八拍》，其中有诗句云：“我非贪生而恶死，不能捐身兮心有以。生仍冀得兮归桑梓，死当埋骨兮长已矣。”蔡文姬之所以忍辱偷生，是想要“归桑梓”，也就是回归故里，不愿死在异国他乡。

东晋年间编写的《搜神记》里有段传说，其中的梓树与鸳鸯，都被看作韩凭夫妇的化身。这株奇特的梓树，被世人称作“连理树”，此后关于“连理枝”“喜结连理”等说法流传开来，梓树也被后人当作了爱情坚贞的象征。

济宁市邹城市千泉街道梓树

种名： 梓树

树龄： 900 年

学名： *Catalpa ovata* G. Don

位置信息： 北纬 35.390633 东经 116.968552

科属： 紫葳科 Bignoniaceae 梓属 *Catalpa*

此树位于济宁市邹城市千泉街道孟庙陈列馆前院。树高10米，胸径86厘米，平均冠幅4.9米。

据说此树是孟母所种，斜靠在红色围墙上。春下黄花满树，秋冬荚果悬挂，引无数游人驻足观赏。

济南市章丘区垛庄镇梓树

种名： 梓树

树龄： 110 年

学名： *Catalpa ovata* G. Don

位置信息： 北纬 36.492379 东经 117.391534

科属： 紫葳科 Bignoniaceae 梓属 *Catalpa*

此树位于济南市章丘区垛庄镇黄沙埠村胜水禅寺大门西侧。树高11米，胸径57.3厘米，平均冠幅7米。

金花忍冬

金花忍冬（*Lonicera chrysantha* Turcz.）隶属忍冬科（Caprifoliaceae）忍冬属（*Lonicera*），别名黄花忍冬。落叶灌木。幼枝有糙毛、微糙毛和腺体。单叶，对生，叶菱状卵形、菱状披针形、倒卵形或卵状披针形，全缘，羽状脉。萼片5，齿状，卵圆形，花冠先白色后变黄色。浆果球形，果实红色，直径约5毫米，种子褐色，扁压状，粗糙。花期5—6月，果熟期8—9月。

金花忍冬分布于黑龙江、辽宁、内蒙古、甘肃南部，吉林、青海、四川东部、河南西部、河北、山西、陕西、宁夏、山东、湖北。山东分布于泰山、崂山、蒙山等地。

金花忍冬是良好的水土保持树种，也是集药用、观赏于一身的经济树种。其花具有清热解毒，消除肿痛的作用，始载于《名医别录》，列为上品。“金银花”一名始见于李时珍《本草纲目》，在“忍冬”项下提及，因近代文献沿用已久，现已公认为该药材的正名，并收入《中国药典》。

潍坊市临朐县蒋峪镇金花忍冬

种名： 金花忍冬

树龄： 100 年

学名： *Lonicera chrysantha* Turcz.

位置信息： 北纬 36.202280 东经 118.611251

科属： 忍冬科 Caprifoliaceae 忍冬属 *Lonicera*

此树位于潍坊市临朐县蒋峪镇沂山林场歪头崮。树高4.3米，胸径124.2厘米，平均冠幅6.8米。

金银木

金银木【*Lonicera maackii*（Rupr.）Maxim.】隶属忍冬科（Caprifoliaceae）忍冬属（*Lonicera*），正名金银忍冬。落叶灌木。树皮灰白色或暗灰色，细纵裂，幼枝被短柔毛和微腺毛，小枝中空。单叶，对生，叶形变化较大，通常卵状椭圆形至卵状披针形，全缘，羽状脉无托叶。花成对生于叶腋，花序短于叶柄，萼片5，齿状，花冠先白色后变黄色，二唇形。浆果球形，果实暗红色，种子具蜂窝状微小浅凹点。花期5—6月，果熟期8—10月。

金银木分布于黑龙江、吉林、辽宁三省的东部，河北、山西、陕西、甘肃、山东、江苏、安徽、浙江、河南、湖北、湖南、四川、贵州、云南及西藏。山东分布于泰山、昆嵛山、崂山、牙山等山地丘陵。

金银木枝条繁茂、叶色深绿、果实鲜红，花果并美，具有较高的观赏价值。春天可赏花闻香，秋天可观红果累累。春末夏初层层开花，金银相映，远望整个植株如同一个美丽的大花球。金银木是优良的蜜源树种，其茎皮可制人造棉，花可提取芳香油，种子榨成的油可制肥皂。

潍坊市高密市姜庄镇金银木

种名：金银忍冬

树龄：100 年

学名：*Lonicera maackii* (Rupr.) Maxim.

位置信息：北纬 36.476488 东经 119.807308

科属：忍冬科 Caprifoliaceae 忍冬属 *Lonicera*

此树位于潍坊高密市姜庄镇李仙人村李仙小学教学楼前。树高3.4米，胸径24.3厘米，平均冠幅5.6米。学校为此树赋诗一首“珍珠仙境百年红，老干虬枝伴稚童。阅尽沧桑皆不是，牵缘一梦在泥工。”

接骨木

接骨木（*Sambucus williamsii* Hance）隶属忍冬科（Caprifoliaceae）接骨木属（*Sambucus*），别名接骨丹。落叶灌木或小乔木。枝髓心淡黄褐色，老枝淡红褐色，具明显的长椭圆形皮孔。奇数羽状复叶，对生，具小叶3~7，揉碎有臭味，小叶片卵圆形、狭椭圆形至倒矩圆状披针形，缘有不整齐锯齿。圆锥形聚伞花序，顶生，无毛，花白色，萼片5，三角状披针形。浆果状核果，近球形，果实红色，极少蓝紫黑色，具2~3分核，每核具1种子。花期一般4—5月，果熟期6—9月。

接骨木分布于黑龙江、吉林、辽宁、河北、山西、陕西、甘肃、江苏、安徽、浙江、福建、河南、湖北、湖南、广东、广西、四川、贵州及云南。山东分布于泰山、蒙山、昆嵛山、崂山等山区。

接骨木可供绿化观赏。全株可供药用，其花可制花草茶，干燥的花可用来做油炸饼、黑酱、甜点等，果实可制成酒、果酱、糖浆保存起来。

据古书记载，浙西南地区的畲族府上，有一种名贵酒：畲族绿曲酒。绿曲酒开始酿造于唐永泰二年（公元766年），距今有1200多年的历史。畲人自古隐居深山，常饮绿曲酒来治疗虫咬风湿等常疾，这个秘方已延续了上千年，而绿曲酒中名贵神秘的成分之一，据说就是接骨木。

济宁市金乡县金乡街道接骨木

种名：接骨木

树龄：200 年

学名：*Sambucus williamsii* Hance

位置信息：北纬 37.435600
东经 117.348000

科属：忍冬科 Caprifoliaceae 接骨木属 *Sambucus*

此树位于济宁市金乡县金乡街道任楼村。树高4.8米，胸径25厘米，平均冠幅4.5米。因它是治愈跌打骨伤的良药，当地居民常折枝熬药治疗病痛，所以树体一直没长大。

绣球荚蒾

绣球荚蒾（*Viburnum macrocephalum* Fort.）隶属忍冬科（Caprifoliaceae）荚蒾属（*Viburnum*），别名木绣球。落叶或半常绿灌木。树皮灰褐色或灰白色，当年生枝密被星状毛。单叶，对生，叶卵形至椭圆形或卵状矩圆形，边缘有细锯齿，羽状脉。复伞形聚伞花序，头状，花萼萼筒状，无毛，萼片5，齿状，花冠白色，雌蕊不育。果实红色而后变黑色，椭圆形。花期4—5月，果熟期9—10月。

绣球荚蒾分布于江苏、浙江、江西和河北等省份。山东各地栽培。

绣球荚蒾喜光，较耐寒。其球花絮如雪球累累，簇拥在椭圆形的绿叶中，是优良绿化观赏树种。

菏泽市牡丹区牡丹街道绣球荚蒾

种名： 绣球荚蒾

树龄： 120 年

学名： *Viburnum macrocephalum* Fort.

位置信息： 北纬 35.279688 东经 115.487670

科属： 忍冬科 Caprifoliaceae 荚蒾属 *Viburnum*

此树位于菏泽市牡丹区牡丹街道牡丹园。树高3.2米，胸径21.6厘米，平均冠幅3.7米。周围修葺了树池和铁质栅栏，长势良好。

此树生长在赵家大户自建的百花园中，保留至今。

泰安市泰山区岱庙绣球荚蒾

种名： 绣球荚蒾

树龄： 100 年

学名： *Viburnum macrocephalum* Fort.

位置信息： 北纬 36.193685 东经 117.125040

科属： 忍冬科 Caprifoliaceae 荚蒾属 *Viburnum*

此树位于泰安市泰山区岱庙街道岱庙仁安门前。树高7.1米，胸径51厘米，平均冠幅8米。生长良好。

珊瑚树

珊瑚树（*Viburnum Odoratissimum* Ker.-Gawl.）隶属忍冬科（Caprifoliaceae）荚蒾属（*Viburnum*）。常绿灌木或小乔木。枝灰色或灰褐色，有凸起的小瘤状皮孔，无毛或有时稍被褐色簇状毛。叶革质，椭圆形至矩圆形或矩圆状倒卵形至倒卵形。圆锥花序顶生或生于侧生短枝上，宽尖塔形。果实先红色后变黑色，卵圆形或卵状椭圆形。花期4—5月，果熟期7—9月。

珊瑚树分布于福建东南部、湖南南部、广东、海南和广西。山东沿海地区有栽种。

珊瑚树喜欢温暖湿润和阳光充足环境，较耐寒，稍耐阴，在肥沃的中性土壤中生长最好。珊瑚树耐火力较强，可作森林防火屏障；木材细软可做锄柄等。

青岛市市南区八大关街道珊瑚树

种名： 珊瑚树

学名： *Viburnum Odoratissimum* Ker.-Gawl.

科属： 忍冬科 Caprifoliaceae 荚蒾属 *Viburnum*

树龄： 110 年

位置信息： 北纬 36.050837 东经 120.358641

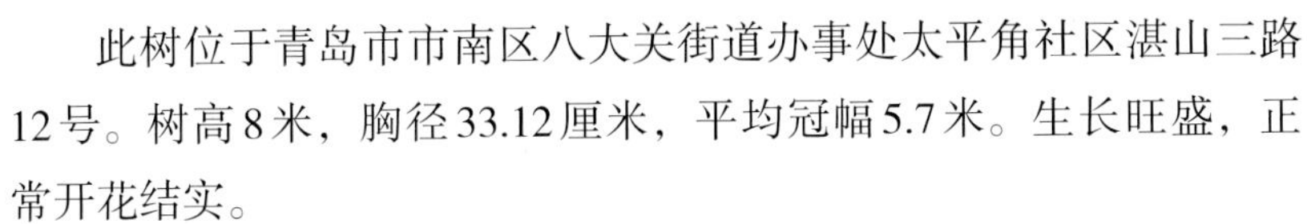

此树位于青岛市市南区八大关街道办事处太平角社区湛山三路12号。树高8米，胸径33.12厘米，平均冠幅5.7米。生长旺盛，正常开花结实。